汪星球小百科
ATLAS OF DOGS

［捷克］埃斯特尔·多比亚索娃
（Ester Dobiášová）

［捷克］斯捷潘卡·塞卡尼诺娃 著
（Štěpánka Sekaninová）

［捷克］亚娜·塞德拉奇科娃
（Jana Sedláčková）

［捷克］马塞尔·克拉里克 绘
（Marcel Králik）

张思琪 译

U0304236

保持镇定
&
开始啃骨头

科学普及出版社
·北 京·

图书在版编目（CIP）数据

　　汪星球小百科 / (捷克) 埃斯特尔·多比亚索娃，
(捷克) 斯捷潘卡·塞卡尼诺娃，(捷克) 亚娜·塞德拉奇
科娃著；(捷克) 马塞尔·克拉里克绘；张思琪译 . --
北京：科学普及出版社，2022.9
　　（宠物之家）
　　书名原文：ATLAS OF DOGS
　　ISBN 978-7-110-10465-1

　　Ⅰ. ①汪… 　Ⅱ. ①埃… ②斯… ③亚… ④马… ⑤张
… 　Ⅲ. ①犬—驯养 　Ⅳ. ① S829.2

中国版本图书馆 CIP 数据核字（2022）第 139402 号

版权登记号：01-2022-4585
Atlas of Dogs© Designed by B4U Publishing, 2020
member of Albatros Media Group
Author: Ester Dobiášová, Jana Sedláčková, Štěpánka Sekaninová
Illustrator: Marcel Králik
www.albatrosmedia.eu
All rights reserved.

策划编辑	符晓静
责任编辑	符晓静　肖　静
封面设计	中科星河
正文设计	中文天地
责任校对	吕传新
责任印制	徐　飞

出　　版	科学普及出版社
发　　行	中国科学技术出版社有限公司发行部
地　　址	北京市海淀区中关村南大街 16 号
邮　　编	100081
发行电话	010-62173865
传　　真	010-62173081
网　　址	http://www.cspbooks.com.cn

开　　本	720mm × 1000mm　1/12
字　　数	112 千字
印　　张	9
版　　次	2022 年 9 月第 1 版
印　　次	2022 年 9 月第 1 次印刷
印　　刷	北京世纪恒宇印刷有限公司
书　　号	ISBN 978-7-110-10465-1 / S · 579
定　　价	55.00 元

这本书属于
所有爱狗人士！

目 录

简 介

有人说，我们狗狗是人类最好的朋友。我赞同这个说法。从发现于世界各地史前洞穴里的壁画来看，我们已经在人类身边生活、运动、工作、帮忙了几千年，哦，不！也许是几万年了。我们学会了很多东西，例如：

如何握手

如何叼回东西

如何把好吃的藏起来留到以后享用
（万一有人把它们吃了呢？！）

特别是学会了为我们所有的狗狗同伴随时随地留下气味标记（你知道吗？我们能够利用这个了解很多信息，比如哪只狗经过了，它是公是母，几岁了，甚至是它的情绪如何）。

我们还学会了如何做出"狗眼汪汪"的可怜神情，这样，万一我们惹了麻烦，也能被人原谅。

你离开家后，我们会失落，而当你回到家时，我们就开心极了，会立即跑到门口欢迎你！有时甚至会跳上你的肩头，把你从头到脚给舔一遍……这就是我们狗狗的作风！

我们还是感官超级发达的动物……
你并不了解这一点，对吗？

🐾 我们的气味感知细胞大约是人类的20倍之多，湿润的鼻子表面可以捕捉到任何气味。

🐾 我们通过伸出长长的舌头来给身体降温。你也可以试试！

🐾 经过学习，我们能听懂多达165个人类词汇。

🐾 有人说我们狗狗是色盲，但事实并非如此。只不过与人类相比的话，我们能看到的颜色种类有限，而且也不那么鲜艳。

我们是野狼的后代

试想一下，世界上所有的狗狗，甚至是最小、最可爱的吉娃娃，都是野狼的后代——那种栖息于密林和广袤草原上的，栖息于世界上最严酷地方的野狼的后代！

🐾 汪汪汪！我们有42颗锋利的牙齿！

🐾 你听见远处的风暴声了吗？没有？那是因为我们的听力极佳，有时还能用耳朵的动作来彼此沟通。

🐾 我们高兴的话，就会摇动尾巴！

🐾 睡觉时，我们的爪子可能会一动一动的，这是因为我们正梦见自己在什么地方奔跑呢！

🐾 我们只有爪子上的皮肤才能排汗！

🐾 你知道吗？我们排便时会保持与地球南北磁场一致的方向。

接下来，让我们来详细了解一下那些最有趣和最奇怪的狗狗品种，读读它们日常生活里的故事吧！

狗狗年龄与人类年龄换算表

狗狗大小	小型：9千克以下	中型：10~23千克	大型：超过23千克
狗狗年龄	**人类年龄**		
1岁	15岁	15岁	15岁
2岁	24岁	24岁	24岁
3岁	28岁	28岁	28岁
5岁	36岁	36岁	36岁
10岁	56岁	60岁	66岁
15岁	76岁	83岁	93岁

视觉型猎犬*

这些长腿的英俊狗狗颇具贵族气质。它们总是在思考许久后才把爪子递给你，或者压根儿对你视而不见。尽管它们时而会表现得有点儿不听话，但它们是主人的忠实伙伴。它们喜欢外出散步，或者跟在你的自行车旁边飞奔，又或者信心十足地参加灵缇**短跑比赛。

* 猎犬大致分为两类，一类为视觉型猎犬（sighthounds），如阿富汗猎犬；另一类为嗅觉型猎犬（scenthounds，详见下一节），如寻血猎犬。这两类猎犬的主要区别在于它们的狩猎技巧主要依靠视觉还是嗅觉。（译者注，下同）

** 灵缇（greyhound）：又称"格雷伊猎犬"，一种身形细长、腿长、毛滑、善跑的大型赛犬。具体介绍见下文。

智力：🐾🐾🐾🐾🐾
服从性：🐾🐾🐾
活跃性：是条赛犬
护家性：🐾（最好是锁上门）
吵闹程度：很少叫
家庭角色：贵族犬（我们安静且有礼貌）
理想中的家：有花园的房子

爱尔兰猎狼犬 ➡

不要惊慌，我的朋友！尽管我长得很吓人，可我真的是一种温和友好的狗狗。我甚至对陌生人和访客都很友善，几乎从来不对他们吠叫。我想要一位拥有大花园的主人，这样在我想活动的时候就有地方奔跑了。

⬅ 俄罗斯猎狼犬

我曾经住在位于俄罗斯的宫殿里，贵族们经常在秋天带着我去打猎。时至今日，我仍保持着如在林中跃过树干与溪流一般的优雅体态。我希望能够被你温柔地对待，而我也将以同样的温柔和宁静来回报你。

英国灵缇犬

我曾被当作猎犬，但如今，我更喜欢参加狗狗赛跑。我短跑冲刺的速度可达 60 千米 / 小时。我也喜欢家里暖烘烘的壁炉。尽管我看起来不像居家的类型，但我愿意搬到公寓里和你一起生活。

阿富汗猎犬 ➡

我血液中流淌着的贵族气质可是历史悠久。我需要一位经验丰富的主人来训练我，因为我天生爱自由，有点儿不听话。他还需要定期梳理我那如丝般柔软的美丽皮毛。

视觉型猎犬 🐾

其他种类的灵缇犬

1. 阿拉伯灵缇（斯卢夫猎犬）

我是一位敏感的绅士，心思有些复杂。我不会随便相信任何人。有时我还喜欢追赶其他宠物……

2. 波斯灵缇（萨路基猎犬）

我在家里温柔得像只小羊，但在外面，你最好牢牢地牵着狗绳哦！

3. 惠比特犬

冬天外面变冷时，请给我穿件暖和的外套，这样我才不会生病。同理，我们所有短毛猎犬都需要这样！

4. 阿扎伐克犬

我来自炎热的非洲。如果外面很冷的话，我是绝不可能下床的。

5. 鹿犬

多亏了我有长毛外套，所以即使是在雨雾蒙蒙的秋天，我也不介意。

← 意大利灵缇犬

我是一只听话、温和、性格活泼的狗狗。如果你不希望自己养的狗狗体形和你一样大，甚至更大，那么我就是你想要的。作为一种小型灵缇犬，我的腿要比亲戚们短一些，但是我也一样优雅而高贵哦！

冠军米克·米勒

各位女士、先生们，各位运动员和灵缇犬们：请把爪子按在胸口，问问自己想不想像米克·米勒这个最著名的赛跑纪录保持者和比赛宣传者一样成功？如何才能做到呢？请阅读下面这篇鼓舞人心的采访。

米克先生，您是如何进入赛跑领域的？

年轻人，1926年，我出生于基利村*一个爱尔兰教区区长的家里。也许你会想当然地觉得我应该专注于学习而不是运动。但是事实并非如此。那时有个叫迈克尔·格林的人在教区里工作。他觉得我会成为一个前途光明的运动员，尽管那时候的我不过是一只胡须上还沾着牛奶的小狗。好吧，总之他收留了我，并施展了他的魔力！

这话是什么意思呢？

在他的监督下，我每天都得努力训练，努力工作。我为此流了不少泪和汗，但我慢慢开始喜欢上了这项运动，特别是在看到成果的时候——在20场比赛中，我赢了15场。

您后续的职业生涯是如何发展的？

过程就是我去参加了各场在英国有些名气的赛跑。我在30秒内跑完480米的成绩打破了世界纪录。参加过48场比赛中的36场，我实现了决定性胜利。这成绩还不错，你说对吗，记者先生？（米克·米勒高兴地叫道——小编按）。

米勒先生，是您的巨大成就才让灵缇犬赛跑流行了起来，对吗？

是啊，是啊！他们是这么说的。年复一年，我参加的比赛越来越多。人们为我欢呼，为我疯狂，好像我是什么名人似的。但我不是，我不过是一个有一点点天赋、全身心投入训练的运动员罢了。

* 基利村：位于爱尔兰中部的奥法利郡。

> 米克·米勒就是这样一只谦逊的灵缇犬。但说实话，如果不是因为它，现在根本不会有什么灵缇犬赛跑。这种比赛的存在一度岌岌可危。

嗅觉型猎犬

当我们响亮的吠叫声在树林里回荡时，动物们就开始逃跑、躲藏了。我们是追踪的高手，任何猎人都对我们有着很高的评价。我们在打猎时是独立行动的，同样，在成长过程中也会坚持自己的立场。和别人握手去吧，我们可是注重尊严的狗狗。如今的我们变得热爱家庭生活，可一旦在外出散步时闻到了某些气味，我们一下子就跟着风跑远了。一会儿见喽！

智力：🐾🐾🐾🐾🐾
服从性：🐾🐾🐾
活跃性：是个猎手
护家性：🐾🐾🐾
吵闹程度：你能从我们的叫声声调中分辨出各种信息
家庭角色：经过几百年的驯化，我们变成了人类的好朋友
理想中的家：小心你的家具和花圃

大型嗅觉型猎犬

加斯科涅短腿蓝犬 ➡

汪！汪！听到我这优美的男中音了吗？我要用我低沉的嗓音和体贴的性格来迷倒其他雌性。兔子们如果看到我的话会不太高兴哦！因为我不知道还能有什么感觉会比得上跟族群里的朋友一起追逐兔子了。好吧，我就是一名猎手，没有必要否认这一点。

奥达猎犬

我将要说的事情会让你大吃一惊。准备好了吗？我脚爪上有蹼。真的，我没骗你！希望你不会为我能游得比你更快这件事而感到难过。此外，我还是潜水高手。水獭会向你证明我说的都是真话。几个世纪以来，人们用我来猎取水獭，但那些日子已经过去了。如今，我是一个相当棒的伙伴及护卫犬。我不会跳进除水以外的任何东西里。在行动之前，我总会把一切都考虑充分。

英国猎狐犬 ⟵

美国猎狐犬 ⟵

⟵ 英国猎狐犬和美国猎狐犬

汪！汪！汪！请不要介意，这不是针对你的，但我们认为，有一身皮毛、四只爪子和一条尾巴的才是我们最好的朋友。你问那是什么动物？是在说狐狸吗？（咆哮）我们可不能允许狐狸的存在。如果它们碰巧经过我们身旁，就马上会被抓住！自然，我们本质上还是狗。几个世纪以来，我们一直过着群体生活，和同类在一起时能发挥得最好。我们健壮的长腿可以跟得上马的步伐。美国猎狐犬能用悠长的嗥叫声证实这一点，这是它们表达喜悦的方式。但你不会想在打猎时听到这个声音的！因为狐狸听到后会拼命逃跑的。

寻血猎犬 ➡

毫无疑问，我是猎犬中最厉害的。我的嗅觉比你敏感40倍。我甚至可以闻出别人在两周前留下的气味。猎人、警察，以及救护人员几乎把我们当作神来崇拜。对我们来说，找到罪犯、失踪或受伤的人很容易。我可能看起来像刚刚大吃了一顿洋葱或快要哭出来了，但别被骗到了，事实并非如此！我喜欢搂搂抱抱，喜欢你的每一次爱抚，就像喜欢多汁的牛排一样。请再摸摸我吧！

⟵ 黑褐色猎浣熊犬

浣熊，你最好小心点！它们认为自己很干净，但我即使鼻塞了也能察觉到它们的气味。而再下一步，就是把浣熊逼到树上，然后胜利地呼唤我的主人。这，就是我的工作。像所有的猎犬一样，我有自己的想法，有时候相当固执且不听话，所以我需要一位自信的、同样固执又聪明的主人，为我设立明确的规则。

汪星球 每日 邮报

第1期第1卷 🐾 第1刊 🐾 1613年7月26日星期五 🐾 售价：35根狗毛

救了苏格兰国王的猎犬多纳凯德

管窥历史

　　四条腿、毛茸茸的（还有不那么毛茸茸的）犬界优秀代表影响了古代和近代历史。你不相信我？想想寻血猎犬多纳凯德，那只救了未来苏格兰国王的忠诚狗狗。

　　多纳凯德是罗伯特·布鲁斯*这位英勇战士的同伴，而罗伯特·布鲁斯是为14世纪的苏格兰独立而战的一名士兵。正如在渴望权力的人身上所常见的那样，这样的人并未被爱德华一世——这个想把整个苏格兰据为己有的英格兰国王赏识。他命令心腹大臣和他的支持者抓住罗伯特和他所有的同伴。

　　命令得到了执行。爱德华的巡逻队冲进罗伯特的房子，但是只发现了他的妻子和他的狗多纳凯德。"我们找到了多纳凯德，它会带领我们找到他的主人。"英格兰士兵们高兴地说。他们的判断没错。忠诚的多纳凯德追寻着罗伯特躲藏的踪迹，一不小心暴露了主人的藏身之处。看起来，苏格兰的历史要失去它的英雄了！不过多纳凯德出其不意地攻击了敌人！这只猎犬救下了它心爱的主人——未来的苏格兰国王。

* 罗伯特·布鲁斯：史称罗伯特一世（Robert I），是苏格兰历史上最重要的国王之一。他曾经领导苏格兰击退英格兰的入侵，取得民族独立。

波兰猎犬 ➡️

很久很久以前，有只波兰猎犬在森林里迷路了。哈哈哈，真是个有趣的笑话！我们可不会在森林里迷路，因为我们有着极佳的方向感和灵敏的嗅觉。假如我们逃跑了，别担心——我们可能是有一些自己的想法，不过，我们总会在成千上万种气味中认出你的。如果你听到我们洪亮的叫声，那是在叫你快来看看我们发现了什么：一只野猪！然而，如果换成命令我们捡球的话……这可能会有点困难哦！

中型嗅觉型猎犬

⬅️ 达尼克犬（挪威猎犬）

当我走在街上时，所有母狗的注意力都在我身上。没有狗狗像我一样色彩斑斓。但比起它们来，我更喜欢追逐动物——当闻到野兔和狐狸的味道时，我就会发疯般想去追它们！我们猎手就是这样。孤独于我而言不算个问题，所以你一年到头都可以把我留在室外。但如果你不给我找点事情做的话，那就要小心你的郁金香花圃了。我会去里面撒欢儿的！

特兰西瓦尼亚猎犬 ➡️

猫，你最好小心点！从我敏锐的鼻尖到尾巴上最末端的毛，处处彰显着我是一名猎手。我喜欢自己做决定，这让我在打猎时多次受益。我很聪明，但不要试图命令我跟你"击掌"。我可能不适合在有小孩的家庭里成长，但猎人会知道如何对待我。

其他品种的嗅觉型猎犬家族

1. 西班牙嗅觉型猎犬

我不知道这是不是真的。但显然，我是古代凯尔特人猎犬的后代。如果用力拉伸我耳朵的话，它们可以碰到我的鼻尖。

2. 伯尔尼·小·劳佛犬

我最喜欢的事情是在树林中奔跑。城市不适合我，懒惰的主人也不适合我。因此，不要看书啦，带我们去奔跑。

3. 卢塞恩·小·劳佛犬

我来自瑞士的卢塞恩市，我可以独自打猎。但我不会拒绝团队作战，无论是和狗狗们还是和人类。

4. 浅黄布列塔尼格里芬犬

请注意，我发现了一些野生动物："汪！汪！汪！"任何地形对我来说都不会是障碍，我也不会迷路。

5. 芬兰猎犬

你不应过多地依赖我去守护你的家园，不过我一定会告诉你我抓到的每个猎物。

法兰西瓷器犬 ➡

我是一位天生的贵族，外表高贵，举止优雅。但我绝对不是脆弱的瓷娃娃。我的爱好是打猎，最好能成群结队。而且我绝对不缺乏勇气。如果设法抓到了一只野兔、母鹿或野猪，我会很高兴的。

巴伐利亚* 猎犬 和汉诺威** 猎犬 ➡

你也能闻到它吗？我是指山坡上蹦跶的野兔，它身上那种明显的三叶草味。没有吗？那就跟着我吧！从很久以前我们就生活在猎人身边，强大的嗅觉宛如传奇一般。我们是天生的追踪者。汉诺威猎犬可以和孩子们相处，但我们巴伐利亚猎犬不行。汪汪，我似乎理解不了他们。

* 巴伐利亚：德国南部的一个联邦州。
** 汉诺威：德国西北部的一个城市。

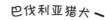

巴伐利亚猎犬

汉诺威猎犬

小·型嗅觉型猎犬

巴萨特猎犬 ➡

哎哟，我又踩到了自己的耳朵！哦，好吧，我正是因为它们而出名。也正是由于它们的存在，我才是一个伟大的追踪者——我的长耳朵能把地面上的气味扫动起来，而因为我的腿短，鼻子也能触及这些气味。我的主人需要有足够的宽容和耐心，以及一点幽默感，因为我喜欢"顶嘴"。如果你想让我放下那根棍子，你得发出完全相反的命令——别放下。就是这样。关于我这个小胖墩儿，还有一条有趣的知识：只要有机会，我就喜欢暴饮暴食。

⬅ 比格犬

我是一个古老的品种。我的家谱可以一直追溯到 15 世纪。我曾经猎杀过像苏丹的豺狼或斯里兰卡的野猪那样的捣蛋鬼。不过那都是过去的事了。我喜欢在空闲时间到处溜达。一旦我闻到了什么气味，你就没法马上拦住我，拜拜啦——几个小时后再见。如你所见，我并不完全属于最听话的品种，但我可爱的脸会让你原谅我所有的恶作剧。不是吗？即使是不停地吠叫。

阿尔卑斯* 达克斯勃拉克犬 ➡

如果我有机会逃跑，我就会这么做的——"嗖"的一下我就消失了。其实不是我不听话，但每只阿尔卑斯达克斯勃拉克犬都明白，自由的味道才最好，我们就是为自由而生的。甚至猎人也会为我们卓越的嗅觉、无畏和勇敢吟唱颂歌。另外，我们有种占有欲，尤其是对我们的家人——我们处处呵护他们，用体贴和忠诚包围他们。

* 阿尔卑斯：指的是这种狗的原产地阿尔卑斯山脉，在奥地利和德国交界处。

一即便很冷，我也很开心！

其他的相关品种

罗得西亚脊背犬 ➡

我的祖辈们曾给我讲过它们在非洲东南部的津巴布韦*从愤怒的狮子爪下守护主人财产的故事。它们甚至经常会和狮子打起来。在遇到饥饿的时候，一个族群可以猎杀掉一只羚羊。我想我的力量和勇气就是来自它们。我敢和你打赌，如果有个经验丰富的主人给予我正规的训练，我可以成为像我祖父一样的狗战士。那么现在，我去哪儿可以遇到些狮子呢？

* 津巴布韦：是非洲大陆东南部的一个内陆国家，1895—1980 年被称为南罗得西亚，也是这种狗的品种名来源。

⬅ 大麦町* 犬

每个人都知道我们大麦町犬：修长的身体上长着奇特又可爱的黑白斑点。但可能很少有人了解，早在 18 世纪，我们便是贵族乘坐的皇家马车旁一路小跑的随从。我们是贵族的向导，还是他们经过招手的人群时的保镖。你喜欢跑步或其他运动？那么我们很适合你。我们执着，友好，好奇心强。你在说什么？我听不清！你知道的，我们有时候略微耳背。

* 大麦町：指的是这种狗的原产地，在克罗地亚的达尔马提亚地区。

汪星球 邮报

每日

第394期第6卷 🐾 第4715刊 🐾 2006年6月21日星期六 🐾 售价：35根狗毛

神奇的比格犬贝尔

狗狗会打电话吗？

每天阅读《汪星球每日邮报》的读者都知道，我们狗狗是非常聪明的。然而，我们的双足动物朋友——人类，却常常低估我们。例如，他们认为我们不会打电话。我们邀请比格犬贝尔来与大家分享一下它的看法。

贝尔，你认为我们狗狗真的不会打电话吗？

贝尔：嗯，让我们回到我主人生命危在旦夕的那一刻吧。他患有糖尿病。有一天，他晕倒了，我必须打电话叫医生。

怎么叫呢？

贝尔：很简单，我用嘴衔着他的手机，拨打了急救电话。我知道他们的号码是911。

你应该是救了你主人的命。

贝尔：没错，试问有谁不会帮助他们最好的朋友呢？

贝尔，你记得多少个电话号码？

贝尔：说实话，我只记得一个，数字9。而急救电话就存在9开头的列表下面。我的主人训练过我如何应对类似的情况。假如我没经过训练的话，可能就会不知所措。打电话这个行为发生在狗狗身上是不寻常的，你知道吧。汪！汪！我现在正参加一门特殊课程，以提升我的嗅觉感知力，从而能够提前知道我主人的血糖在下降。这是真的！我可以根据气味的变化来预测情况，而他永远不会再晕倒。然后，我就可以高兴地忘掉"9"这个数字了！

嗅觉型猎犬 🐾 15

《汪星球每日邮报》邀你来看电影啦！

101 斑点狗
一个充满爱、悬疑和狗狗的故事！

本周五起，在你的电影院上映！

狗狗对其主人来说是一种非常有用的生物。它带主人出门呼吸新鲜空气，让他开心，教会他责任和爱。它还可以帮他找到生命中唯一的伴侣。

快去看正在热映的狗狗大片《101 斑点狗》吧！这个故事将带你去到两个个性迥异的伦敦人的家里——一个是设计电脑游戏的年轻人罗杰*，另一个是担任时装设计师的安妮塔，她在名叫库伊拉·德·维尔心肠恶毒的女人的豪华时装店里工作。不过，这两人还有一个共同点——都养了只大麦町犬。罗杰养的是一只公狗，叫彭哥，而安妮塔养的是一只母狗，叫佩蒂塔。

当他们两人带着各自的宝贝出门散步时，彭哥和佩蒂塔相遇并陷入了爱河——没错，是狗狗间的一见钟情！它俩含情脉脉相视许久，让安妮塔和罗杰也互相认识了。一年过后，佩蒂塔生下了 15 只小狗，而安妮塔同样正在期待她的第一个宝宝。

他们的生活本像童话般美好，如果不是因为讨厌的库伊拉·德·维尔想要拥有斑点图案的时尚大衣——这可是由那些狗狗们制成的大衣！这部电影有着怎样的结局呢？彭哥、佩蒂塔和它们的主人究竟能否保护这些小可爱呢？

*此处人名采用的是美国迪士尼公司于 1961 年推出的动画长片《101 斑点狗》中的人名译法，可能与当今外国人名翻译规范或标准略有出入。

该片将在"吠叫之星"电影院上映

幼犬免费入场！

指示猎犬和塞特猎犬

我们就是为运动和打猎而生的。许多猎人都被我们的耐力、美貌、力量和优雅迷倒。我们也喜欢跟在他们身旁，漫步于树林、田野和水塘边。不过，你若是对打猎没有兴趣，也无须绝望。给我们足够的活动，你便会马上得到我们的忠诚。我们可以一起运动，或者在乡下来一次长长的远足……怎么样，走吧？

智力：🐾🐾🐾🐾🐾

服从性：🐾🐾🐾🐾🐾

活跃性：是个猎手

护家性：🐾🐾

吵闹程度：有些狗只在捕获到猎物时出声，而另一些狗则对任何过路者都要吠叫

家庭角色：我们喜欢有猎人的陪伴

理想中的家：在有山有水的树林里

指示猎犬：布拉克犬类型 *

*布拉克犬类型：此类狗狗体格中等，肌肉发达，身形匀称，线条优美。

德国魏玛猎犬（短毛）➡

很少有人愿意承认自己曾被狗狗在智力上打败过。但如果谈到的是我这个品种的话，这个想法便可能时不时地在你脑海中掠过。我的优点就是聪明，可惜，我也可能非常不听话。因此，我需要一位强势的主人，这样我才能为他们的晚饭抓到点儿东西吃。我忠于我的家人，但不愿意在城市里生活。

⬅ 卷毛指示猎犬

我是一名性格沉稳而冷静的猎人。我不害怕枪声，任何老鼠都躲不过我嗅觉敏锐的鼻子，所以我在猎人中拥有许多崇拜者。每当闻到猎物的气味，我就会弯曲前爪，伸直尾巴，保持不动……如果你不喜欢打猎，我也非常愿意和你一起慢跑！田野、树林和水塘边就是我的第二个家。

丹麦老式指示猎犬和奥弗涅指示猎犬

几个世纪以来，我们一直是声誉卓著的猎手——被称为"太阳王"的法国国王路易十四的王室成员可以证明这一点。我们陪同他打猎，而且从未在任何猎物上失手。我们喜欢与其他狗狗一起生活，因为我们以前便是如此。汪汪汪！我们善良，友好，聪明。但是请注意，我们会被其他宠物激怒，管它是猫还是金丝雀。

奥弗涅指示猎犬

丹麦老式指示猎犬

维希拉猎犬

1000多年以来，我一直在帮助游牧的匈牙利人追踪松鸡、野鸡、鸭子和其他鸟类。打猎时，我既警觉又安静，尽管在家里我总是非常"健谈"。我通过吠叫、呜咽和咕噜声来讲述那悬念重重的故事，而你可以用自己那种奇怪的声音来回应我……我会像鹰一样盯着你，不会让你离开我的视线。我与和我一样热爱冒险的大孩子们相处得最好。

短毛 & 刚毛德国指示猎犬

我的毛发像小铁丝一样扎手，不过它是扁平而厚实的，因此被形容为刚毛。它可以在多变的天气中保护我。而且多亏我这身毛，你不必担心我被荆棘或树枝划伤。我和我的短毛伙伴们勇敢又警惕地面对任何事。狩猎时，我们可能会有点儿不听话，喜欢自己做决定。

短毛指示猎犬

刚毛指示猎犬

指示猎犬：猎鸟犬类型

布列塔尼猎犬 *（长毛）➡

尽管我是一名彻彻底底的猎手，但我与除了鸟的其他动物相处得都很好。只要看看那群一看到我就冲向空中的鸟就知道了，它们对我来说永远是猎物。因此，你需要把鹦鹉养在别的地方，不管是地下室还是阁楼……总之，不要靠近我。别担心，对待人类，我是格外黏人又体贴的。我像所有的猎犬一样需要大量的运动。

* 布列塔尼猎犬：该犬原产于法国西北部的布列塔尼大区。

大型明斯特兰德犬

小型明斯特兰德犬

⬅ 大型和小型明斯特兰德犬 *

我们把猎人们迷得团团转，毕竟我们友好、工作努力，还是不挑起冲突的全能猎手。另外，我们看起来相当优雅，毛发柔软，表情俏皮……也难怪你会喜欢我们作为家庭伴侣。你想让我们开心吗？扔给我们一个球或一根树枝，我们就会去捡，甚至是到水里去捡。我们很擅长且很喜欢游泳。

* 明斯特兰德犬：该犬原产于德国西北部的明斯特市。

皮卡第猎犬 * ➡

在水里打猎是我的专长——也许丘鹬 ** 和鸭子们应该选择一个别的池塘，而不是我打算跳进去游泳的那个！我要游过每一条河流、小溪和水坑。甚至早在 15 世纪，连法国国王路易十二都称赞我的捕猎能力。猎人们钦佩我的警惕性，还有我的从容与镇定，他们才是能让我忙活起来的人。但由于我天性温柔友好，我也可以满足于普通的陪伴，甚至是和孩子们。

* 皮卡第猎犬：该犬原产于法国北部的皮卡第大区。2016 年，皮卡第大区被并入法兰西大区。

** 丘鹬：一种黄褐色的水鸟，有着长而直的喙、短腿和短尾。

斯塔比猎犬

来吧，赶紧把它扔过来！我可以把捡球游戏玩上几个小时、几天、几周，甚至几年和几个世纪。我精力旺盛得很，如果你不想和我一起去打猎，你就需要拿点别的东西让我有事可做。我和其他狗狗相处得很好，我还喜欢小孩子。不过，我的毛发需要经常打理，所以你得在手边准备把刷子。

指示猎犬：格里芬类型

意大利刚毛指示犬

你认为我看起来很严肃吗？那大概是因为我这精心修剪了的小胡子和睿智的表情，但事实上，我是一只非常快乐、贪玩的狗。现在，我数到三，你就跑去躲起来。凭借我的猎人天赋，相信我很快就能找到你！一！二！三！接着我就会把你全身舔个遍，舔到你受不了，汪！人类的抚摸对我来说和充足的体力活动一样重要。顺便提一句，我在做这两件事时会流很多口水……是的，那一摊就是我的口水。

其他种类的指示猎犬

1. 波旁指示猎犬
你设定好规矩，我发誓不会把你的金丝雀当作晚餐吃掉。

2. 意大利布拉可猎犬
无论是地面上、水里，还是空中（如果可以的话），我都喜欢待……但是一定要教我学习听从命令返回，否则我就会追着随便什么在跑的东西跑走了！

3. 法国刚毛短颈格里芬指示猎犬
我当然需要一位愿意和我一起散步的主人啦！只不过唯一的问题是，我们不在家的时候，需要有人照看我们的院子……

4. 波希米亚刚毛格里芬指示猎犬
我是波希米亚国王、神圣罗马帝国的皇帝查理四世的老朋友了。人们说他和我留着一样的胡子。

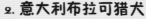

塞特猎犬

指示猎犬 ➡

在我小时候，人们问我长大后想成为什么，我马上喊道："猎手！"这是我血液里流淌着的基因。我用的是一种古老但有效的捕猎方法。一旦感觉到了猎物，我就一动不动地站着，用鼻子指向它，这叫作"指示性姿势"。

英国塞特猎犬 和戈登塞特猎犬 ⬅

许多狗妈妈可以为我们作证，我们优雅而有魅力。单单是摸一下我们柔软的皮毛，望一下我们梦幻般的美丽双眼，你就会沦陷……我们特别可爱、俏皮、温柔。可能只有鸟类不同意。我们本质上是猎手，而且会永远如此。我们喜欢游泳，在乡间远足。戈登塞特猎犬还喜欢新的领域——让它到处跑跑吧，它会回来找你的。

英国塞特猎犬

戈登塞特猎犬

爱尔兰塞特猎犬 和爱尔兰红白塞特猎犬 ➡

多亏这一身美丽、富有光泽的皮毛及其他高贵的体征，我们被誉为最漂亮的犬种之一。我们的主人需要备有一把刷子和一双运动靴。如果没机会打猎，我们就想跑、跳、游泳，还有各种各样其他的运动。充满新奇气味的乡间就是我们的天堂。我们能嗅出躲在窝里的狐狸、田野上的野兔，甚至是你背包里小心藏起来的食物。嗯！真美味呀！

爱尔兰塞特猎犬

爱尔兰红白塞特猎犬

梗犬

智力：🐾🐾🐾🐾🐾🐾

服从性：🐾🐾🐾

活跃性：是名舞者

护家性：🐾🐾🐾🐾🐾

吵闹程度：一有访客我们便会提醒你，哪怕仅是只小苍蝇

家庭角色：我们忠于家人

理想中的家：我们想要在屋里或花园里有自己的狗窝，而且很喜欢刨地

虽然看起来也许不像，但我们有着猎人和战士般的心。只要有动静，我们就会向着猎物出击。我们坚韧、聪明，不达目的不罢休。

如果缺少持续的训练，我们也许就会计划来接管这个世界。我们很清楚，没人能够抵挡我们天真无邪的外表，以及这副透着开心、好奇与顽皮的样子。

大型及中型梗犬

凯利蓝梗犬 ➡

看看我这柔软的灰蓝色的毛，这是其他狗狗都没有的！我就是优雅的化身。有过敏症的人也可以养我。我需要的是大量运动——游泳、捕猎、追踪、跳跃。咱们走吧！

⬅ 贝灵顿梗犬 *

不要被我柔软的、卷曲的、像羊一样的皮毛所迷惑！我更像是一只披着羊皮的狼，但我不会去咬人。其他的狗狗最好离开我的视线，其他动物的话，我并不介意，只要我是和它们一起长大的。或者说，只要它们不试图从我这里逃跑，就不会触发我的捕猎本能。别忘了每三个月给我剪一次毛。

* 贝灵顿梗犬：该犬以英格兰最北部诺森伯兰郡下的贝灵顿镇命名。

万能梗犬

爱尔兰梗犬

← 万能梗犬和爱尔兰梗犬

我是所有梗犬中最冷静的。我坚强，勇敢，对孩子有耐心。爱尔兰梗犬和我都有这些品质。尽管它曾经猎杀过老虎和狮子！我并不惊讶于爱尔兰梗犬被称为"红毛魔鬼"，因为它是如此的勇敢无畏。然而，与家人在一起时，它友好，善良，总是留意着不速之客。训练我们时，一定要玩起来！我们喜欢学习，但如果是一遍又一遍重复同样的命令？算了吧，跑来跑去听起来还更有趣些。

平毛猎狐梗犬和刚毛猎狐梗犬 →

不要被我们无辜的小狗表情迷惑。我们有自己的想法，有时可以相当任性、顽固。如果我们不想坐，那就是不坐，对此你也无能为力。但是一位有经验的主人会知道怎么办。如果你正在寻找一只精力充沛、速度快、有幽默感的狗狗，那你来对地方了。

刚毛猎狐梗犬

平毛猎狐梗犬

← 曼彻斯特梗犬

好吧，我说实话：我就是喜欢吠叫。我高兴时叫，悲伤时也叫，我叫是为了提醒你。我叫的理由还有很多，但我相信你会原谅我的。凭借我有趣的天性，人们不可能对我生太久的气。我很聪明，精力旺盛，我喜欢群体生活，真正需要的是锻炼和陪伴。你不会让我感到无聊和孤独的，对吧？

威尔士梗犬 ➡

我得承认，如果不奖励我零食，我会在其他狗狗面前表现得很霸道。我被认作是所有英国梗犬的祖先，这可是意义重大的事。我打赌你会想："哈，这家伙没意思！"恰恰相反！因为我活泼贪玩的性格，你很快就会改变想法，甚至求我让你歇会儿，喘口气——即使是等我老了，毛也白了！

小·型梗犬

⬅ 杰克·罗素梗犬 *

你想让我乖乖卧在沙发上？唔，行啊，说得就像那会发生一样！我精力充沛，工作努力，生来就是运动员和猎手。如果不是因为我不会钻洞的话，我肯定会在你的花园里挖出个精美的洞，让鼹鼠羡慕得眼红。让我们去跑步或骑车吧，不然我只能自娱自乐了——家具，准备好了吗？！我是个破坏专家，我来给你嗥一首歌吧！汪！

*杰克·罗素梗犬：该犬是由一位名叫杰克·罗素的神父配种改良而产生的，也因此得名。

西高地白梗犬 ➡

捂住耳朵，我来了，汪汪！我精力旺盛、开朗、友好，还大胆。我喜欢用我的小技能来逗身边的人开心，但我也可以用一些玩具来自娱自乐。虽然我生来就是猎手，但我能适应城市生活。让我参与狗狗运动吧，我可以向你展示我的能力！来试试，给我扔个球，或者我们玩拔河比赛。如果你允许我四处奔跑、和家人一起玩耍的话，那我就是世界上最幸福的狗狗了！

汪星球 邮报

每日

第298期第1卷 🐾 第3558刊 🐾 1910年1月1日星期六 🐾 售价：35根狗毛

尼佩尔，一只画中的狗狗

艺术界的狗狗趣闻

这只名叫尼佩尔的狗狗坐在一台有个闪亮喇叭的大型老式留声机旁边，鼻子冲着发出浑厚声音的管口，仔细聆听着，耐心等待着"主人的声音"——事实上，这是一幅描绘了一只小狗的画的名字，作者是英国画家弗朗西斯·巴罗。

小狗尼佩尔大概是杰克·罗素梗犬的混血后代。起初，画家的弟弟马克收养了这个伤心绝望的"小流浪汉"。每天晚上，这个男人会心满意足地坐下来，和这只心怀感激的小狗一起聆听历史上第一批留声机播出的音乐。不幸的是，三年后，因为马克的突然离世，小狗尼佩尔再次成了孤儿。

有段时间，它和老式留声机一起待在弗朗西斯身边——就是那时候，这位艺术家注意到，每当他打开留声机，狗就会一动不动，几乎像被催眠了似的盯着留声机看，仿佛在等待前主人马克的出现，等待他们的生活恢复原样。

尼佩尔绝非一只寻常的狗。即使在这位狗朋友去往狗狗天堂很久之后，弗朗西斯也仍然记得它。不过，也可能是尼佩尔的灵魂在偷偷地时不时拜访他——否则，你怎么解释这位画家决定把画中的狗狗形象变成永恒的经典呢？这幅画着尼佩尔专注聆听老式留声机的作品，后来被醒目地印刷在各张黑胶唱片上。

汪星球 邮报

每日

第261期第11卷 🐾 第3124刊 🐾 1873年11月15日星期六 🐾 售价：35根狗毛

守夜人博比

一则关于真挚友谊的故事

有些狗狗的故事总是那么感人，以至于我们的人类朋友，要在报纸和杂志上写下它们的故事——比如一只名叫博比的斯凯梗犬*的命运。请看下面这篇最近发表在人类杂志《我，我自己和狗》上的文章，就记录了它的一生。

1850年，一个叫约翰·格雷的人搬到了爱丁堡，开始以守夜警察的身份工作，而后，一只可爱的小斯凯梗犬走入了他的生活。主人和狗狗一起走过阴暗的小巷，同时仔细注意着自身的安全。他们不在乎冬日的寒冷刺骨，也不在乎夏日的炎热抑或秋日的骤雨，因为他们在一起的日子总是很开心，而这才是最重要的。

然而，1858年2月，约翰·格雷死于肺结核。他被埋葬在公墓后，大家本应忘记伤痛，继续过自己的日子。但他忠诚的狗狗，博比，总是坐在主人的墓前等待。守墓人试图赶走它，但没有成功，博比总是会回来，无论是阳光刺眼的天气，还是下着瓢泼大雨，或冰天雪地的日子。自主人过世后的14年里，博比一直都没有离开这个位置。

有些好心人会带给它食物，照顾它。在它去世后，人们为它建立了一座雕像——这样，博比，以及它无条件的忠诚和狗狗之爱将永远不会被遗忘。

*斯凯梗犬：该犬起源于苏格兰西北部的斯凯岛。

凯恩梗犬 ➡️

我体内有一颗猎人的灵魂。即使经过训练后，我能像乖狗狗一般跟在你身旁随行，但一看到松鼠我就会跑开，所以要牵着我走更为保险一些，尤其是在城市里。和所有的猎犬一样，我需要锻炼。所以如果你愿意跟我一起运动的话，我会超级爱你的。我喜欢大的家庭，越大越好！我将永远陪伴在你身边！

⬅️ 苏格兰梗犬

哼，我虽然体形不大，但我很擅长守卫。我的座右铭是：怎么小心都不为过。在陌生人面前，我很谨慎，因为我需要花些时间来信任某个人。我很固执，有自己的想法，所以请对我更耐心些。即使是美国的前任总统，富兰克林·D. 罗斯福，也曾爱上我的一位先辈，而如今，他们在一起长眠。

边境梗犬 ➡️

你想去跑跑步吗？我也去。你想躺在沙发上吗？我也去！你打算周末去山里玩吗？那就别忘记带上我的狗粮。我愿意做任何你想做的事，我很听话。也就是说，即使是养狗新手，我也是一个很好的选择。我知道你在想什么：你这样就找到了自己梦想中的狗狗！

其他种类的梗犬

1. 斯凯梗犬

我来自苏格兰,是维多利亚女王的最爱!我们现存的数量不多了。所以要好好照顾我们,不惜一切代价保护我们。

2. 澳大利亚梗犬

哼,我不害怕任何东西、任何人!我不害怕啮齿动物、毒蛇,甚至是……猫!

3. 德国猎梗犬

我擅长洞穴狩猎比赛。准备好迎接我吧!狐狸们!

4. 丹迪丁蒙梗犬

虽然我的造型乱糟糟的,可我在一切场合都举止得体。我的名字是由伟大的作家沃尔特·司各特亲自取的。

5. 诺福克梗犬

我的昔日荣光是在剑桥那所著名的英国大学里追赶老鼠。是的,我就是这样一只勇敢的好狗狗。

斗牛型梗犬

牛头梗犬 →

我曾经是狗狗世界的角斗士……我有一身强壮的肌肉,我的祖先曾经在斗狗场上拼死拼活。后来,我变成了一只平和、有耐心、温柔的狗,甚至小孩也能成为我的朋友,即使他们有时会出于关爱而拉扯我的耳朵。

斯塔福梗犬 ➡

我有点像一个健美运动员：身材高大，肌肉发达，以勇敢和任性而出名。我可以用牙齿咬住比自己大的猎物。我以前擅长斗牛，故而人们常惊讶于我其实多么温柔、可爱与俏皮。对待家人，我怀有无条件的爱，尤其是对孩子们。我很乐意与你分享我的床，因为我真的不喜欢孤独。

⬅ 美国斗牛梗犬

我曾经是斗狗场中的佼佼者，还好这种比赛最后被禁止了。是啊，谁会想和自己的朋友打架？但有些本能还是流淌在我的血液里，或者说，深埋在我的基因中。假如我们散步时遇到其他的狗，我可能会想证明我体形更大、更强壮，声音更响，我才是主导者，哼！所以你需要从我还是小狗时就开始让我认识其他的狗狗和人，以及不同的环境，这样我就能适应它们了。如果训练得当，我会比喜欢任何吱呀作响的球更喜欢你，我将愿意为你做任何事。

美国斯塔福梗犬 ➡

有些狗狗可能不太热衷于工作，但我不是这样的。我喜欢进行捡球、追踪、保护的训练。我生来就是要成为家庭的守护者的。单凭我的长相便可吓退小偷，因为我浑身上下都是肌肉。我还是一只好奇心重的狗狗，所以我可能会有些好动。

TOY TERRIERS

约克夏梗犬 * ➡

　　头上的蝴蝶结、天鹅绒枕头、舒适的公寓和满含爱意的主人——还有什么比这更令人向往的呢？我们就是配得上锦衣玉食的生活！然而在 11 世纪的英国，与我们一起生活的是穷人，因为只有富人才能养得起大型猎犬。我们的小脚可是追不到鹿的！至于老鼠，则是至今还害怕着我们，因为我们小狗在抓老鼠方面非常出色！虽然看不出来，不过我们确实需要一位强势的主人来应付我们声名在外的不听话。哦，对了，如果我们找你索要吃的，可别轻易在我们可怜巴巴的眼神下屈服了，不然我们就只能长胖了。汪！汪！

* 约克夏梗犬：该犬以它的起源地，英格兰东北部的约克郡而命名。

澳洲丝毛梗犬 ⬅

　　我们会在温暖的家里等你一整天——躺在沙发上特别舒服！但当你从学校或公司回到家后，我们就准备好行动了：运动、玩耍、追逐、散步、跑步……一切就取决于你想干什么。无论是年轻人还是老人，我们都完全适应得了。我们看起来像是可爱的玩具，可也充满了活力与胆量！如果有人欺负你，他们可得小心了！我们会立刻干预。咕噜噜！*

* 咕噜噜：狗狗在喉咙深处发出的咕噜声或呜呜声，属于威胁性的警告声，表示它生气了。

英国玩具梗犬 ➡

　　汪！汪！有些英国玩具梗犬可能会爱叫得令你生厌，但请不要责怪我们，我们会保护你和你的财产，就像捍卫自己的生命一样。我们不仅是伟大的守卫，也是生活中带给你快乐的朋友。不过，如果除了我们，你还想在家里养些老鼠、仓鼠或其他的鼠类，就必须得提前警告你，请放得离我们远远的。我们天生便会毫不犹豫地与这些动物战斗。毕竟我们本来就是啮齿动物杀手，这一点我们无法改变。

汪星球 每日 邮报

第388期第3卷 🐾 第4640刊 🐾 2000年3月2日星期四 🐾 售价：35根狗毛

与牛头梗犬乔克一起游历非洲

《来自布什维尔德*的乔克》这本描写乔克这只游历丰富的牛头梗犬的书，多年来一直位居狗狗类畅销书榜首。一直有读者信件狂轰滥炸地寄来，要求我们采访该书的作者——因乔克而成名的詹姆斯·珀西·菲茨帕特里克——喏，我们的采访来了！！

菲茨帕特里克先生，您是怎么遇到乔克的呢？

19世纪，淘金热潮在南非兴起时，我感觉这值得一探究竟，于是就去了那边。我们的营地里有一只狗，在我到达后不久就生了6只小狗。其中5只又大又壮，但第6只很孱弱，在没有帮助的情况下不可能存活。一个人遇到这情况还能怎么做呢？我开始照顾这只小狗。这就是我遇到乔克的故事。虽然我没有找到任何黄金，可我找到了一个终生的伙伴。

关于乔克还有些什么故事呢？

乔克绝对是一只优秀的狗狗。它友好、勇敢、有爱心、聪明，还有教养。它和我一起走遍了南非的各个角落。是的，我们一起经历了很多。它教我如何与大自然和谐相处，这已成为我心中铭记的真谛。

它让我在寒冷的夜晚不再孤独，陪伴我进行每一次冒险，并帮我保护身边带着的小朋友。

你那时知道自己会创作一本童书来记录你的故事吗？

那时还没这样打算，是我的四个孩子劝我这样做的。每次上床睡觉时，他们都请求我讲一个有关乔克的睡前故事。孩子们非常喜欢这些故事，所以我在1907年为他们写了一整本书。而乔克，这只勇敢、善良而忠诚的狗狗，将会永远活在这些故事里。

* 布什维尔德：字面意思是"荆棘林地"，指的是非洲南部的一片自然区域，以南非共和国东北部的林波波省为中心，延伸到邻国斯威士兰、莫桑比克、津巴布韦和博茨瓦纳。

梗犬 🐾 **31**

我的·小·狗狗
跳跳

提前叫卖家庭票！

威尔是一个害羞胆小的小男孩，他没有兄弟姐妹或朋友可以一起玩。幸运的是，他有一只胆大的刚毛猎狐梗犬跳跳，他们可以一起勇敢地在墓地里过夜！

奥兹国的·小·狗托托　世界著名故事里的英雄

在我们小狗中，有哪只会不知道《绿野仙踪》的故事，又有哪只没有在墙上张贴他们的童话偶像——多萝西的小狗凯恩梗犬托托的海报呢？让我们来看看小学里的一个班级，班上的学生们正在排练一出关于托托和它的朋友的戏剧。

菲多： 我是腊肠犬菲多，我扮演的角色是小狗托托。我们和老师一起制作了托托那毛茸茸的外套。我最喜欢的一幕是多萝西和我被龙卷风带走，飞向东方去的时候。

马莉： 我是马尔特斯·马莉，扮演的是多萝西，尽管我是个女孩，不过我更想试试托托的角色。作为一只狗狗，我能更好地代入它，这是毫无疑问的。

老师兼导演： 我们学校非常重视《绿野仙踪》这个故事，因为它在小狗这一代中非常受欢迎。不过我们的版本更强调托托的角色，因为是它带领多萝西找到巫师的。

菲多： 我希望有一天能像托托这么勇敢……我也想拥有一位多萝西这样的主人，她一定很有趣。

约克夏梗犬斯摩基

你不需要真的像大丹犬*一样高大或强壮，就能拯救世界或拯救你的主人。身高只有 18 厘米，体重不到 2 千克的小约克夏梗犬斯摩基，就是最好的证明。

这只被遗弃的小可爱在第二次世界大战期间成了英雄。它和它的士兵主人威廉·A.温一起在军用飞机上参加了 12 次空中和海上救援任务，并被授予 8 枚战斗勋章。在对新几内亚的 150 次空袭中，这只身材娇小的小母狗幸免于难，毫发无损，同时还给伤痛中的士兵们带去了慰藉。

嗒哒！让我们听到庆祝胜利的号角声！其实正是斯摩基帮忙连接了美国空军用来与军事总部联系的电报线。这项任务一点也不容易：它的衣领上系着一根电缆，要穿过一个 20 厘米宽、21 米长的地下隧道。隧道的某些部分甚至被土壤掩埋住了。很明显，没有士兵完成得了这项任务。只有斯摩基能够把电缆轻轻松松拉过去，它拯救了整个部队。"它教给我的和我教给它的同样多。"主人笑着说。斯摩基完全能证明，即使是小母狗，也能取得伟大的成就！

*大丹犬：是世界上最大的犬种之一，成年雄性大丹犬体重不低于 55 千克，肩高不低于 76 厘米，站立时身高可达 2 米。

牧羊犬和牧牛犬

　　我们一直在帮助人们管理羊群。我们把大群的羊赶到一起，防止有羊逃跑。如果有羊跑了，我们就去追它，让它重新回到羊群中。我们牧羊犬和牧牛犬非常聪明，喜欢工作，这给我们带来快乐。我们奔跑速度快，性格执着坚韧，会听从训练中的命令。不过为了让羊群敬重我们，我们也必须严厉。因为能吃苦，所以我们不介意多变的天气。我们热爱人类，这份忠诚会一直延续到我们死后。

牧羊犬

捷克狼犬　➡

　　说实话，和我一起生活并不是件轻松的事。我学习能力强、活泼、忠诚、执着、无畏。然而，只有强大的群体领袖才能驯服我。我体内有一半狼的血统，故而个性独立，难以驯服。我很少吠叫，但如果我不喜欢某样东西或想念我的主人时，我就会大声嗥叫。

⬅　可蒙犬（匈牙利牧羊犬）

　　我看起来像在睡觉偷懒？你错了！可别低估我！我在悄悄监视着一切，因此所有的闯入者最好小心他们的脚步！不过，我不是一只必须不断到处跑跳的野狗，而是一只性格温和的狗。我的皮毛看起来像一缕缕麻绳，无论外面是瓢泼大雨、天寒地冻还是大风呼啸，它都能完美地保护我，所以我是一只适合各种气候的狗狗。

汪！咕噜，汪！我是一只知道自身价值的牧羊犬。当我有一名好老师时，我能很快学会他想让我学的一切。我是坚强的狗狗，不害怕任何人或任何事。倘若你想让我跟你一起生活，我们得经常去室外跑跑步，或者到处蹦跶。我非常勤奋，如果很长一段时间都无事发生，导致我无事可做的话，哼哼，我可能会成为一只坏狗狗哦！

德国牧羊犬

智力：🐾🐾🐾🐾🐾

服从性：🐾🐾🐾

活跃性：工作勤奋

护家性：🐾🐾🐾🐾🐾

吵闹程度：通过吠叫，我们能马上告诉你我们的感受

家庭角色：保护主人是我们的职责

理想中的家：地方越大越好

比利时牧羊犬 ➡

咕噜噜……如果你是个陌生人，那可得小心点了！我是一只护卫犬，我对任何事情都全身心投入，所以对我来说，任何人都是潜在的嫌疑人。我不是什么恶霸，只是本能如此罢了。纵然我对家人非常关心体贴，但你需要有应对我的一套办法。缺少适当的训练是不可能把我养好的。

⬅ 法国狼犬

我希望每个人都能坦诚、平等地对待我！你我并没有优越与卑微之别！你得到我后，就不要把我再送给其他人。无论我看起来有多么坚强，与你分开或是变更主人都会伤透我的心！

威尔士柯基犬

智力：🐾🐾🐾🐾🐾

服从性：🐾🐾🐾🐾🐾🐾（我们学得超快）

活跃性：娱乐性运动员（我们喜欢追球玩儿）

护家性：🐾🐾🐾

吵闹程度：我们不吵不闹，但兴奋的时候会吠叫

家庭角色：我们可以习惯你有别的宠物，但不能有其他陌生的狗或猫

理想中的家：我们不介意生活在公寓里，但是主人必须要活跃

威尔士柯基犬

我们虽然体形很小，但不害怕任何东西。得到我们的人将拥有一个忠实、有耐心的朋友，一名绝对可靠的护卫。虽然我们喜欢所有"人"，但并不是每只狗狗都对我们友好，有时候我们是真的不理解它们。我们喜欢散步，喜欢呼吸新鲜空气，但长时间的山地徒步可不适合我们——毕竟我们的腿是这么短！哦，对了，还有一件事：我们天生不好斗。

柯利牧羊犬

虽然我们被认作是世界上最优秀的牧羊犬品种，但我们看起来更像是贵族而非勤劳的仆人。我们有着非凡的幽默感。如果发生什么有趣的事，我们也会去现场的。我们喜欢玩耍。汪汪！如果你想喂养我们，请做好给我们定期梳毛的准备。我们喜欢奔跑或散步，但如果主人不是那种喜爱运动的类型，我们也能轻松适应他的闲散风格。

长须牧羊犬

边境牧羊犬

苏格兰牧羊犬

柯利牧羊犬

智力：🐾🐾🐾🐾🐾🐾

服从性：🐾🐾🐾🐾（我们热爱学习）

活跃性：不知疲倦（准备好玩游戏了吗？来吧，来吧，求你了）

护家性：🐾🐾🐾🐾🐾

吵闹程度：我们不过是有太多想说的罢了

家庭角色：任何跟我们扔球玩儿的人——我们就忠诚于你

理想中的家：有可供奔跑的平原和草地，这就是我们所喜欢的

汪星球 邮报

每日

第397期第7卷 🐾 第4752刊 🐾 2009年7月22日星期三 🐾 售价：35根狗毛

渐渐地，我成了真正的明星，拥有一名私人厨师为我准备美味佳肴，工资是每周6000美元，我还荣获了纽约城市钥匙*。我这从第一次世界大战后的法国泥泞废墟中起步的悲惨"狗生"，开始变得像童话故事般美好。

如果我不是一只狗狗的话，我应该能获得奥斯卡奖。但人们很快就改变了规则，没有直接把奖项颁发给动物。而本应属于我的奥斯卡最佳男主角奖，被一个叫埃米尔·詹宁斯的两足动物偷走了。

* 纽约城市钥匙：这是一种象征性的荣誉奖励，由纽约市市长颁发给那些对公众利益做出巨大贡献、受到公众认可与感激的人物。

我们《汪星球每日邮报》的艺术编辑金爪子，编写了一份关于德国牧羊犬家族的著名演员任丁丁的简短回忆录，以飨喜爱这位电影明星的各位读者。

如果不是因为那个名叫李·邓肯的士兵，我永远不会有机会成为一名演员，他对我的帮助相当大。那时我还是只天真的小奶狗，他把我从法国某处被炸毁的村庄废墟里救了出来，然后带我到了美国。在那里，他开始训练我进入电影行业。我们的事业就这样慢慢发展了起来。

1922年，我们与一家大型电影公司签订了合同，我开始扮演主角，并且表现得相当不错。

鲍勃，一只在铁路上生活的狗狗

生活就像旅行一样美好

现在是夏天，夏天就意味着旅行。开车去，坐公交去，坐飞机或火车去。而今天，我们要说的是火车，还有它忠实的粉丝——柯利牧羊犬鲍勃，一只在铁路上度过一生的狗狗。更确切地说，是在蒸汽机车的煤仓里，那是它最喜欢的地方。你可要注意别抢了它的座位！

信不信由你，鲍勃并不是愿意坐任何一节客车的。郊区列车太狭窄了，鲍勃不喜欢。不过，它不会对三等舱嗤之以鼻。它喜欢火车呼哧呼哧开动、火车司机欢快唱歌的时候。毕竟，这些人是鲍勃的挚友，最重要的是，他们允许鲍勃免费坐车。

那些喜欢吠叫、嘶吼或咆哮的狗狗们，学学你们的祖先，铁路上的老鲍勃（1882—1895）吧，去跑到世界上任何一个车站，跳上高速列车、城际列车、特快列车，甚至东方特快专列，去向人们展示展示狗狗是如何旅行的吧！

弗兰克·S 的团队

我相信你一定在想，这个幸运的鲍勃一定有位爱好冒险的主人。但你错了，鲍勃是独自旅行的。那天，它离开了主人，在东闻西闻的好奇的鼻子带领下来到了火车站。在那里，它燃起了对火车的热爱。虽然有好心人前后三度把它带回家，但我们这位狗狗冒险家从9个月大的时候起，就开始在南澳大利亚到处快乐地旅行了。

其他种类的牧羊犬和牧牛犬

1. 澳大利亚牧羊犬

如果有人正在寻找一只真正忠诚的狗，那就是我了！我来了。我的主人可最好别是个懒汉！我体内有必须释放出来的能量，否则我就会感到无聊。而下一步，我便会破坏身边的东西，整天无理取闹地汪汪叫。你知道的，游手好闲就会惹是生非。

2. 白色瑞士牧羊犬

其他狗狗感觉不到的东西有时也会伤害到我，所以你必须小心呵护我。但如果是寒冷恶劣的天气，则对我一点儿都不影响。

3. 贝加马斯卡牧羊犬*

我体内流淌着来自意大利的野性。我生活简单，喜欢有人陪伴。任何工作我都能做得很好，但一到下班时间，我就要好好休息了。你懂的，我得午睡一下！

4. 伯瑞犬（法国牧羊犬）

作为一只优秀的法国狗，我喜欢时尚潮流，所以不必惊讶于我留着盖住眼睛的长刘海。我以调皮捣蛋为乐——我才不管自己已经成年了没有。

5. 皮卡第牧羊犬

我看起来像一只没有梳毛的可爱小狗，但我其实是个彻头彻尾的淘气鬼。我真的很顽皮，绝对是所有狗狗里最不听话的品种。

6. 西帕基犬

还有比我们西帕基犬更好奇的狗吗？不可能，也许只有和我们同等好奇的！我们喜欢向你讨要桌上的东西，不达目的不罢休。嗯！好吃！

7. 普密犬

我需要一定的自由和空间来奔跑，无忧无虑地汪汪叫。我喜欢叫，而且喜欢经常叫，所以要做好准备哦！据说我还很聪明。

*贝加马斯卡牧羊犬：该犬以意大利的贝加莫地区命名。

短尾犬（古代英国牧羊犬）➡

我们看起来像可爱的大型毛绒玩具。我们不喜欢暴力，相反，我们善良、贪玩、忠诚、善于社交，而且从不拒绝乐趣。因为天性和善，即使是养狗新手也可以饲养我们。就算没有经过严格的训练，我们也会听从你的命令。只要主人高兴，我们就高兴。不过，我们需要以乐观和有爱的心态过上积极的生活。

⬅ 澳大利亚卡尔比犬

工作，再工作，我不能自已！哼，我必须有一件事情可做。跑来跑去，跳来跳去。噫！无聊会让我焦虑。跟一位活跃的主人在乡下生活就是我们卡尔比犬的梦想。汪！

牧牛犬
澳洲牧牛犬 ➡

你知道吗？我们对于不认识的人会有些冷漠，因为我们相信那句老话："没有无条件的信任。"但我们对主人很忠诚，希望随时都紧跟在他身边。我们有第六感，可以得知他的所有感受：是快乐还是不悦，是同情还是反感。我们工作努力，倘若我们是人类，就会被叫作工作狂。

澳洲牧牛犬

智力：🐾🐾🐾🐾🐾🐾

服从性：🐾🐾🐾（训练我们并不容易）

活跃性：爱追逐的家伙（我们的日常：每天室外运动 2 小时）

护家性：🐾🐾🐾🐾🐾

吵闹程度：准备好接受我们激烈、高亢、频繁的吠叫声吧

家庭角色：我们需要从小习惯小孩子的存在

理想中的家：农场

我亲爱的玛莎

保罗·麦卡特尼

没有多少狗狗能够夸耀自己是著名歌曲的主角！

　　古代英国牧羊犬玛莎是一位有着四条腿的美女，让保罗·麦卡特尼这位英国传奇乐队"披头士"的贝斯手对它一见钟情。那一年是1966年，它的出生之年。保罗买下了这只像个毛球一样可爱的小狗，他和朋友们一起把它带回了伦敦的公寓里。

　　这位著名的音乐家与它一起玩耍、爱抚它的日子，是它生命中最重要的、无法忘却的记忆。你知道吗？即使是人，有时也能像我们狗狗一样无条件地去爱。

　　嗯，连所有胡须上还沾着牛奶的小狗都知道，爱，是最伟大的情感，也是艺术家们最重要的灵感来源，所以保罗·麦卡特尼创作出了《我亲爱的玛莎》（Martha My dear）这首歌。而数年后，整张歌曲专辑的封面选用了玛莎宝宝们的照片！

汪星球 邮报

每日

第407期第8卷 ❖ 第4871刊 ❖ 2019年8月18日星期日 ❖ 售价：35根狗毛

皇家柯基犬

有些狗狗是卓越的牧畜帮手，有些狗狗是完美的猎手，还有些狗狗是世上最优秀的护卫犬。但只有某些狗狗品种才能真正用"皇族"来描述。让我们来看看柯基犬，这种把英国女王伊丽莎白二世的心赢走了的小狗。

早在20世纪30年代，英国皇室就爱上了这种具有贵族气质的柯基犬。因此，伊丽莎白二世在她18岁生日时会收到一只这个品种的狗狗也就不足为奇了。她还给它取名为苏珊。

年轻的女王立即爱上了这只毛茸茸的、心藏很多淘气念头的短腿小狗。1947年，这只狗狗甚至还跟着去了她的蜜月旅行。当然，是偷偷地，所以没有人知道。

从那时起，伊丽莎白女王的身边就总会有俏皮的柯基犬，其中还有苏珊的后代。你敢相信，英国女王在后来竟然繁育了30只柯基犬吗？

但这完全可以理解！柯基犬，其实已不再是一个普通的品种，而是成了英国王室的象征。这个品种形成于12世纪左右，从品种历史初期，它们就一直是优秀的追踪者、牧畜帮手、猎人及卫兵。如今，这些总是心情欢快的活泼的运动员们，是连女王都喜欢的绝佳伙伴。

 # 斯旺西·杰克的故事

亲爱的小狗们，有时会发生这样的情况：你的事业并没有完全按照你或你主人的想象发展……比方说，你可能会失去冷静，跳进一片满是鸭子的湖里。但别担心，因为即使如此，也不会阻止你成为一颗冉冉升起的新星，进而取得巨大成功。正如它没有阻止著名的斯旺西·杰克。

很久以前，在威尔士的海港城市斯旺西，住着一只拉布拉多寻回犬，名字叫斯旺西·杰克。它的第一位主人抛弃了它，因为杰克攻击了在湖面上嬉戏的鸭子。"我不想要这样的麻烦精！"于是他把杰克送走了。

幸运的是，杰克找到了新的主人，威廉·托马斯。他开始教杰克如何拯救溺水的人并把他们拖带出水面。很简单，杰克直接游到那个可怜人的身边，抓住他们的泳衣或衬衫，然后把他们送到岸边。

自1931年它成为一名"职业救生员"起，

到它生命的最后一刻，杰克一共救出了27个溺水的威尔士人！（那时候的人们真的不怎么会游泳……）由于这项伟大的贡献，杰克被授予了一条银项圈、一座银奖杯，还有两枚铜质奖章。

杰克的第一位主人，托尔福德·戴维斯先生肯定不会原谅自己对杰克做出了那么冲动的评价。这是一只有着多么非凡的勇气和胸怀的狗狗啊！

寻回猎犬、激飞猎犬和水猎犬

啪嗒啪嗒，水花四溅！你想把我们从水里拉出来？啪嗒！没有用的，我们水猎犬几乎像鱼一样，水就是我们的组成元素！别担心，在陆地上，我们会听从你的每一句话。我举起爪子发誓！我们天生友好、善良、聪明，我们之中不存在斗士。不过，激飞猎犬会喜欢能运用上它们追踪技能的狩猎训练。

智力：🐾🐾🐾🐾🐾🐾
服从性：🐾🐾🐾🐾🐾🐾
活跃性：爱玩的家伙（我们需要用蹦跳、游泳、奔跑、握手、拥抱来消耗精力）
护家性：🐾🐾🐾
吵闹程度：看到猎物或访客时，我们会提醒你
家庭角色：我们对家庭忠贞不渝
理想中的家：湖边的屋子

寻回猎犬 ➡️
卷毛寻回猎犬和平毛寻回猎犬

我们喜欢在奔跑时被风吹起耳朵，喜欢在水里玩闹后浑身湿透。即使已经3岁了，我们仍然像个巨婴。即使到了晚年，我们也不会变成脾气古怪的老顽固。我的卷毛朋友天生有些暴躁，需要更强势的主人。有了这样的主人后，它也可以成为一名活跃家庭里的优秀伴侣。

卷毛寻回猎犬

平毛寻回猎犬

拉布拉多寻回猎犬

你知道训练援助犬是什么样子吗？我早在小时候就学会了如何将各种东西直接送到主人手里。我把自己的牵引绳交给主人，我来按人行横道上的按钮 *，我从洗衣机里取出衣服，把主人的手机递给他。助人为乐就是我的使命！即使你没有任何特殊需求，我也很乐意提供帮助。我们会成为优秀的团队。只是要注意不能用太多的狗零食娇惯我，这样我容易超重的。

* 有的城市会在人行横道旁的交通信号灯处设置按钮，按下后用以告知信号系统有人在等着过马路，供系统对红绿灯时长分配做决策。

金毛寻回猎犬

我亲切的表情体现着我的天性。我内心善良，可以很容易与人共情，理解他们的需求。就像拉布拉多寻回猎犬一样，你会看到我作为可靠的援助犬跟在盲人身边。在空闲时间里，我喜欢和孩子们一起玩儿。在生活中，我需要大量的运动，所以穿上你的运动鞋，我们出门吧！

激飞猎犬

西班牙克伦伯猎犬 ➡

与其他西班牙猎犬相比，我对运动量的要求不高。但你不能说这显然体现在我的身材上！是的，我有点笨重，容易发胖，而且我不是速度最快的狗，但我的毅力可以媲美任何马拉松运动员。

威尔士史宾格犬

英国史宾格犬

英国史宾格犬 和威尔士史宾格犬

耶，看呐，有水！扑通一声，我们就浸在与耳朵齐高的水里面了。我们是找水的专家！我们喜欢和鱼比赛，看谁能游得更远。你尽管呼唤我们，但只要我们看到了水、捕捉到猎物的踪迹或是发现了鸟，我们的狩猎本能就发动了。你需要对我们有耐心，而作为回报，我们会给予你无条件的爱与关心。

汪星球 邮报

每日

第394期第11卷 ❀ 第4720刊 ❀ 2006年11月5日星期日 ❀ 售价：35根狗毛

摘自史宾格犬梅林的日记

历史中真实发生的故事

1297年9月11日

太阳从天空中渐渐升起，但我却从骨子里感觉到秋天来了。我的主人，威廉·华莱士，这个地地道道的苏格兰人有点不安，而且理由充分！因为一场对于苏格兰独立极其重要的战役正摆在他面前，那就是斯特林桥之战。

他在军营里踱来踱去，不时抚摸我的头。也许我也应该紧张一些，但我没有。作为一只合格的史宾格犬，我可以预见未来。我知道这场战役将是我的主人取得胜利，而且英国人只能自食苦果。

之后，我的主人，这个普通农民出身的人，将被授予骑士称号，并被命名为苏格兰真正的守护者……但首先我们有一场仗要打。在这场战役中，我将与威廉·华莱士并肩作战。在这里，我将咬住敌人的小腿，用我深沉而响亮的叫声吓唬他们。汪！汪！也许关键时刻我还能救威廉一命呢！

但现在先不说这个，太阳还在升起。我先给自己弄点生肉当早餐，在营地里跑一圈，伸展伸展肌肉，然后我们就出发。我，史宾格犬梅林，还有我的主人，威廉·华莱士。

霍妮快跑！

如果你认为自己必须到一定的年龄才能拯救人类于危难之中，那你就大错特错了。有时候，即使是只相当年轻的小狗也会有些许勇气与善良的心肠。你只需提及霍妮这个名字，广大狗狗群众就都知道你在说谁了。

来亲眼看看我们在各大城市里做的调查吧！

你对"霍妮"这个名字有印象吗？

安迪（8岁）： 霍妮？嗯……你是指5个月大的小可卡犬，在他们出了车祸后救了主人的那只吗？

是的，我们说的就是它。

安迪（8岁）： 我得承认，它真是一位勇敢的女士，过去是，现在也是！我无法想象那有多么可怕，躺在一辆翻倒进20多米深峡谷里的汽车中，而且不知道下一步会发生什么。对不起，我得走了，我的主人叫我呢！

帕蒂（2岁）： 哦，霍妮？我对它只有钦佩！它和主人一起被困在一辆翻倒的车里。它的主人从一个小缝隙中把它救了出来，接着霍妮跑去寻求帮助。真是难以置信的励志故事！

小黑（1岁）： 据说，那只5个月大的小狗跑了将近一千米才得到帮助。将近一千米，一个完全陌生的地方！你明白我的意思吗？我比它还大半岁，但我无法想象能那样做。

火火（3岁半）： 霍妮是我心中的小英雄。它的主人能幸存下来要多亏它的勇气和冷静的头脑。霍妮跑到人们面前，那样拼命叫，以至于他们意识到肯定有些事情不对。如果不是因为霍妮，它的主人早就去世了。在我看来，应当好好奖励霍妮，比如为它立座雕像或给它一串香肠。

寻回猎犬、激飞猎犬和水猎犬 🐾 **47**

英国可卡犬和美国可卡犬 ➡️

美国可卡犬

英国可卡犬

如果你喜欢窝在沙发上，我们会去适应你的喜好，只不过这样的话，就不要惊讶于我们为什么长胖啦！你知道的，狗可以反映出主人的个性。你在我们可卡犬之中能找到绝佳的朋友。我们是友好、脾气温和、好奇心强的狗狗，而且充满了活力。我们原本是猎手，即使在今天也仍然需要大量运动。尤其是英国可卡犬，它们一直保持着对狩猎的热情，森林在它们眼里就像家一般。而我们美国可卡犬，则喜欢在犬展和犬类运动比赛中赢取分数。别忘记还要经常给我们梳理毛发、清洁耳朵。

⬅️ 田野猎犬

汪汪，我们来玩吧！我是一只温柔又聪明的狗，与任何人都能处得来。我若是爱上了你，便会留在你身边，除非死亡将我们分开——把你从鼻子一路舔到眉毛是我推进这种关系的方式。我的背上和肩上都是肌肉，说明我是一只优秀的激飞猎犬，我会把猎物直接送到你面前。猎人尤其欣赏这一点。除此之外，我喜欢享受乡村生活，不太能适应城市的环境。

德国猎犬 ➡️

我的座右铭是：时刻准备着！我追踪每一只藏在草丛中的鹌鹑，每一只伪装成土块的野兔，甚至是藏在你口袋里的食物。世上有这么多美妙的气味。难怪我总是心情舒畅、精力充沛。猎人们爱死我了。

水猎犬
荷兰水猎犬 ➡

在我的一生中，我追踪了许多兔子、水獭，还有其他小动物。我是一只冷静、聪明、勇敢的猎犬，也是一名优秀的游泳健将。养育我是很困难的，因为我有自己的想法，有时候会相当固执。要小心别让自己反而成了我的宠物，嘿嘿！作为我的主人，你需要大量的耐心和强大的意志力，但你会得到一个奖励：就是我！

— 法国巴贝特水猎犬

西班牙水猎犬

葡萄牙水猎犬

葡萄牙水猎犬、法国巴贝特犬和西班牙水猎犬

看，有条鱼！啪嗒啪嗒（水花四溅），现在它是我们的了！我们以前是渔民的重要帮手，作为游泳和潜水好手，我们帮助渔民拖动渔网，帮忙从船上向陆地传递消息，拯救溺水者，保护渔民及其家人免受海上的各种潜在危险（包括海盗）。哦，多么繁重的工作！我们就是这样聪明，机灵，又听话。

我们喜欢小孩子，特别是小猎犬们需要时常和人类家庭来往。巴贝特水猎犬脚上的蹼会让你大吃一惊。葡萄牙水猎犬则适合过敏体质者。我们都能很好地适应乡下生活。

其他品种的寻回猎犬

1. 新斯科舍诱鸭寻回猎犬
我是出色的猎手、伴侣及援助犬，而且长得还很帅。

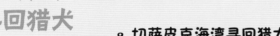

2. 切萨皮克海湾寻回猎犬
年轻时候的我性格有些狂野，但如果你带我进行狩猎训练或其他活动的话，我就会安静下来。

3. 科克尔猎犬
我是一只友好的狗狗，就连鸭子都同意这一点。

4. 萨塞克斯猎犬
虽然我的速度不是特别快，但我的耐力极强，这使我成为山地徒步旅行中的绝佳伙伴。

5. 拉戈托罗马阁挪露猎犬
我的挖掘能力比鼹鼠还要强！我有一只非常敏锐的鼻子，因此人们用我来寻找松露。

美国水猎犬和爱尔兰水猎犬 ➡

厚实的卷毛能保护我们不被冷水、荆棘或蕨藜所侵扰。我们猎犬会跳进水里抓鸭子，甚至仅仅去抓根棍子，单纯为了好玩。待在勇敢的水手身边是我们最开心的时候，但如果你想进行一些别的狗狗运动，我们也会很高兴地跟随你。对所爱的人，我们和蔼可亲，但对陌生人，我们就相当警惕。嗷呜（咆哮）！

爱尔兰水猎犬

美国水猎犬

汪星球 每日 邮报

第405期第1卷 ❀ 第4842刊 ❀ 2017年1月17日星期二 ❀ 售价：35根狗毛

金毛寻回猎犬
凯尔茜·小·姐

"狗狗英雄"故事系列

年末总是会有奇迹发生，有个叫鲍勃的人就可以向你证明。他差点在新年前夜死于偏远的密歇根州佩托斯基镇，但很快就又"复活"了。要感谢谁呢？就是他的爱犬，一只雌性的金毛寻回猎犬，它有个美丽的名字叫凯尔茜。

那天下午，我的主人感到很冷，所以他决定去拿几根柴火来点燃壁炉。他只穿着运动裤、T恤衫和拖鞋就跑了出去，完全不顾外面有多冷！要我说的话，这真是个坏主意。作为明智的狗，我试图劝他不要这样做，我呜咽着劝说他。但你敢信吗？他就是不听我的！"我马上回来！"他说。

然而，他在路上滑倒了，伤了脊柱。他一直呼救到天黑，然而在那些欢庆活动和璀璨烟花声音的掩盖下（我们狗不太喜欢这东西），没人能听到他的声音。幸运的是，我听到了。我立刻奔向主人身边，趴在他身上以防他被冻死，再时不时地舔舔他的脸。最重要的是，我拼命吠叫，希望有人能听到我们的声音，来救我的主人。

在漫长得像是没有尽头的19个小时后，终于到了早上，有邻居听到了我的吠叫和哀号，于是出门看看发生了什么事。在此期间，鲍勃失去了知觉，我很担心他。他必须活着，他不能死！我在心里哭泣。但鲍勃没有让我失望。到医院后，他以惊人的速度恢复着。我猜他是想以此回报我所有的关心与爱。汪汪！

尖嘴犬和原始犬种

我们中的有些狗是北方的王：全身都包裹在厚实温暖的毛里，只有耳朵和鼻尖支棱着探出来。我们喜欢在森林里和暴风雪中奔跑。如果给圣诞老人拉雪橇的不是驯鹿的话，那肯定会是我们。我们组成的狗狗队伍可以跑很远。我们中体形较小的那类可能有点不听话。毕竟，它们的祖先是狼！

北欧雪橇犬

智力：🐾🐾🐾🐾🐾🐾

服从性：🐾🐾🐾🐾🐾

活跃性：雪地旅行者

护家性：🐾

吵闹程度：我们很少叫

家庭角色：我们很愿意在冬天温暖你

理想中的家：我们需要很大的活动空间，一个狗舍可不够

北欧雪橇犬

西伯利亚哈士奇犬 ➡

我不容易被累着！作为狗拉雪橇的冠军，我跑得快，有毅力，心胸豁达。虽然我爱旅行，但我还是喜欢有人陪伴。我需要与一群人或一群狗一块儿生活，而无论是他们还是他们的幼崽，我都能相处得很好。在过去，我曾为西伯利亚的土著楚科奇人暖脚，那是多么美好的旧时光！

西伯利亚哈士奇犬

阿拉斯加雪橇犬

萨摩耶犬

萨摩耶犬

雪，雪，到处是雪……真的吗？你难道没看到那个黑点吗？那是我的鼻子。我逮住你了！我知道数百种可以在雪地里玩的游戏。我们能组成一个团结的队伍，毕竟我可是有大量的经验。自古以来，我一直作为运输犬和猎犬帮助遥远的北方部落。我很乐意拉你坐雪橇！快紧紧抓住个东西，我们走咯！

阿拉斯加雪橇犬

你和我，我们就是一家。如果你想当家做主，就不能畏畏缩缩，你得让我们知道谁是老大。你要和蔼，同时也要严厉，别哭哭唧唧！我们可以一起骑自行车、游泳或进行长跑比赛。如果有段时间我无事可做，那么会很快感到厌烦，你不会想看到我对你的运动鞋做些什么的，它们的结局可能是完全被毁掉。

北欧猎犬

你们人类时不时地把我们当作长得过大的毛绒宠物。但你们应当知道，我们本质上是猎手。在让我们知道谁是老大的同时也要尊重我们。这样，你就会在我们之中拥有一位朋友。

西西伯利亚莱卡犬

我的生活充满了工作和冒险。你可以在乌拉尔地区或西伯利亚地区看到我，我在那里追踪并猎捕熊、麋鹿和其他或大或小的动物。我既可以是雪橇犬，也可以是护卫犬。虽然我喜欢整个家庭，但我只服从于一个主人。

黑色和灰色挪威猎鹿犬

我的血液中流淌着来自我的祖先猎犬的无畏野性。5000 多年以来，它们独特的捕猎技巧不断精进。它们会把麋鹿、猞猁、狼，甚至是熊追赶到有利的位置，然后发出响亮的叫声呼唤主人。我们对人类尽心尽力一直至今。我们爱我们的家庭，我们要保护它不受风雪的侵扰！

北欧猎犬

智力：🐾🐾🐾🐾🐾

服从性：🐾🐾🐾🐾🐾🐾

活跃性：追风者（我们喜欢感受毛发间掠过的风）

护家性：🐾🐾🐾🐾🐾🐾

吵闹程度：我们汪汪叫肯定是有原因的，可能有猎物或有小偷

家庭角色：我们愿意用生命保护我们的家庭

理想中的家：乡下的房子及乡下的一切

黑色挪威猎鹿犬

灰色挪威猎鹿犬

汪星球 邮报

每日

第400期第10卷 🐾 第4791刊 🐾 2012年10月6日星期六 🐾 售价：35根狗毛

哈士奇犬巴尔托拯救了阿拉斯加小·镇

来自雪橇车夫甘纳尔·卡森的独家回忆

　　我们现在位于阿拉斯加，为纪念著名的哈士奇犬巴尔托而定期举行的大型雪橇赛跑即将开始。赶狗人正在给他们的队伍加油打气。今天的目标是赢得一满杯的热茶和一串香肠。然而，追溯到1925年，那时候的目标只是为了生存。接下来，你将从甘纳尔·卡森的故事中了解到更多。

　　1925年，是阿拉斯加疯狂的一年。传染病白喉*在诺姆镇肆虐，有大量的人死去。我住在离那里几千千米远的地方，但是和其他的雪橇车夫一样，我们都想要拯救诺姆镇。我们决心用当地的狗拉雪橇来运送这救命的疫苗，与我们的狗狗一起对抗那变幻莫测的天气。

　　这支队伍由一只名叫巴尔托的哈士奇带领。你知道的，我喜欢这只狗。但它……嗯，像一只渡渡鸟**，行动迟缓而笨拙，没有一名车夫

想要它，可我还是相信它。在去的路上，我们被卷入一场暴风雪中。我甚至连自己的手套都看不清，所以我别无选择，只能依靠巴尔托。这只狗带领我们直达目的地，甚至还设法躲过了托普托克河的一片没有上冻的危险河段！它就是这么出色！

　　由于我们及时送去了疫苗，诺姆镇的居民得救了。而你现在肯定知道是谁帮助我们实现了这一点——就是巴尔托，那只受冷遇的狗，它不被信任，被除我之外的其他人嘲笑。总之，巴尔托是我养过的最好的狗！

* 白喉：一种会导致呼吸极其困难的呼吸道传染病。

** 渡渡鸟：一种大型鸟类，现已灭绝。它体形巨大，体重可达20多千克，不会飞且跑不快。

嗅觉极佳的
赞德

漂亮的赞德是萨摩耶和哈士奇的混血，它有着蓬松的白毛。它的主人在它七岁时从收容所带回了它，从那时起，它就一直在用最宝贵的东西来报答主人，那就是：狗狗的爱。最近，它极佳的嗅觉让它找到离家几千米以外的一家医院。它为什么要去那里？让我们来听听它的故事！

赞德：我的主人约翰·多兰，那时住院了。你肯定明白，作为一只忠诚的狗，我不能让他失望，不能留他独自一人，无人帮忙。

但你是如何追踪主人的呢？

多兰夫妇（赞德的主人）：我们的狗从来没有去过那家医院，它不认识路，它只是跟着它的鼻子和心走。它并不在乎它得跨越宽阔的河流和繁忙的十字路口。但它做到了。

赞德：起初我很难过，我在公寓里徘徊，蜷缩在约翰的床上，有时会嗥叫……但我想到：这没有用，我必须采取行动。很简单，我只是吸入他的气味，并跟随它一路来到医院。我

们狗狗有多达 3 亿个嗅觉细胞，而人类只有 500 万个。

你是自己去医院的吗？

赞德：没错。在半夜去的，这样我就不会吵醒我亲爱的主人普丽西拉夫人。我悄悄离开家，经过繁忙的地方，但我并没有放弃。路线的尽头就是医院门口。

到了那里，有一位医生帮助了你，对吗？

赞德：是的。他们拨打了我的狗牌上写的电话。猜猜谁接的电话！

是普里西拉夫人？

赞德：不，是约翰，想象一下！特别有趣。他们说：先生，你的狗在这里，请来医院接它回去。约翰回答：但我办不到，因为我也在医院里！哈哈，汪汪，汪汪，汪汪！（赞德在地板上笑得打滚——小编按）。

卡累利亚猎熊犬 ➡️

你可能想知道为什么我被称为猎熊犬，很简单，就像俄罗斯的莱卡犬一样，我即使在西伯利亚的冰天雪地里也能猎取熊。相信我，那些发现我的熊可不单单是因为寒冷才发抖，哈哈！我勇敢，嗅觉灵敏，因此猎人们很看重我。除了熊，我主要猎杀鹿和野猪。我悄悄地独自跟踪它们，无人能发现我的存在。

⬅️ 挪威伦德犬

相信我，我要告诉你的都是真的。准备好了吗？与其他狗不同，我有六根脚趾！我可以把头向后弯曲到贴着脊柱，还能闭上耳朵，防止水进去。你不相信，是吗？汪！我的祖先凭借这些能力猎取海边陡崖上的海鹦。我和它们一样，是只勇敢坚强的狗，可以常年待在户外。

*海鹦：一种黑白相间的鸟，喙大而鲜艳，常见于北欧的海边。

北欧护卫犬和牧羊犬

别闹，排好队，这样我们才能查好数。本能驱使我们去追赶驯鹿、绵羊、家禽，还有家庭成员。我们生活独立，执着认真。妈妈、爸爸、儿子和新生婴儿，呼，都到齐了，可以走咯！

芬兰拉普猎犬

芬兰拉普猎犬和拉普兰牧羊犬 ➡

我们的身体里有着牧羊犬的基因。以前，我们帮助主人放牧、看守驯鹿。如今，我们爱做些狗狗运动，比如玩捡球游戏。我们愿意为家人做任何事情，几乎和任何人都相处得来，无论他们是有六条腿、四条腿，还是两条腿。即使是养狗新手，也能训练我们，但如果是给我们梳毛、清除蒺藜的话，则需要一位经验丰富的"理发师"来做。

拉普兰牧羊犬

⬅ 挪威布哈德犬

我是犬界的英雄。如果你教我，我就能学会拯救人类的生命，或作为援助犬帮助聋哑人，再或者用鼻子找出藏满毒品的地方……和我在一起时，你什么都不用怕，我会一直保护你。汪汪！只是别要求我翻跟斗——只有我想，我才会做，汪汪汪！

瑞典瓦汉德犬 ➡

如果你是个爱躺沙发的懒家伙，我会马上带你站起来的！你看到栅栏后面的猫了吗？今天的阳光多好！你说外面下着瓢泼大雨？不要紧，至少我们能看到彩虹！我的好心情是会传染的，所以不要抗拒，让我们做做运动。我喜欢进行敏捷的运动！让我来教你玩这项绕障碍物的狗狗游戏。或者，我们来放羊，一只、两只、三只……傍晚时，我们可以相互依偎一会儿，而明天，我们再次出门！快别睡啦！

汪星球 邮报
每日

第392期第11卷 🐾 第4696刊 🐾 2004年11月23日星期六 🐾 售价：35根狗毛

忠犬八公

一则关于真挚友谊的故事

在日本东京的涩谷车站，有一尊美丽的雕像，雕的是一只具有传奇色彩的黄褐色秋田犬——八公。人们将纪念碑竖立在此，是希望大家能够铭记这份伟大的爱和难以置信的忠诚。

八公是日本东京大学教授上野英三郎的爱犬。每天早上，这只狗把主人送到涩谷车站坐车上班，并在傍晚时分，于同一地点等他回家。

然而，1925年5月21日这天，火车一列接一列地抵达，但上野秀三郎没有从任何一趟车上下来，因为他在那天突然去世了。

已故教授的一位亲戚收留了悲伤的八公。他们用同样的爱来照顾它，但八公仍然沉浸在悲痛之中。它每天都会跑到涩谷车站，像以前一样等待着上野英三郎的到来。在长达10年的时间里，八公总是定期回到这个地方，万一它的主人回来了呢？如今，为了纪念八公的忠诚，人们设立了一尊雕像来传扬这份狗狗的爱。

玛丽和它的三个孩子

小奶狗专访　　　　　　　　　　　　　　腊肠犬小学

　　什么样的爱是世界上最强烈的？我们询问了在腊肠犬小学上学的小狗们。答案非常明确——最真实、最强烈的爱是母亲和孩子之间的爱。小狗们给我们讲了一个故事，关于玛丽和它的三个孩子。

　　齐格：玛丽是一只雌性柴犬，我记得是生活在日本的山口村。2004 年，在它生下三只健康的小狗后不久，村里发生了一场可怕的地震。这种情况在日本经常发生。

　　安迪：他们说玛丽救了照顾自己的老人——它为他叫到了帮助。救援人员将老人疏散到邻近的村庄，而玛丽则和它的孩子们一起留在了废墟中。

　　凯拉：当玛丽吃光了老人留下的所有食品后，它和孩子们开始艰难度日。孤立无援、饥肠辘辘的状况让玛丽别无选择，只能拼命地寻找食物。每当它找到了一些吃的，就先带给小狗们，而自己却在挨饿。

　　亲爱的读者，你怎么看呢？腊肠犬小学的狗狗们说的是真的吗？

尖嘴犬

你想拥抱我们吗？我们浓密而柔软的被毛就等着你来摸啦！但别着急，等一下，因为我们可能不太听话，所以要有耐心。我们会用生命保护自己的家人。毕竟，我们的祖先可是狼。汪！汪！

日本尖嘴犬、德国尖嘴犬、芬兰尖嘴犬和北欧尖嘴犬

我们是一个有趣的混合体：原本是牧羊犬，现在也是守护犬和猎鸟犬。我们很乐意在家里的壁炉旁汪汪叫来告诉你这些。我们对人类很友好，也很黏人。我们与宠物们相处融洽，喜欢有很多很多的陪伴！所以，什么时候再带一个朋友回来啊？

智力：🐾🐾🐾🐾🐾
服从性：🐾🐾🐾
活跃性：像个精力旺盛的球（让我们去奔跑吧）
护家性：🐾🐾🐾🐾🐾
吵闹程度：我们会像保护珍贵的肉骨头一般保护你
理想中的家：如果能和主人有足够多的运动和交流，我们也能适应公寓生活

北欧尖嘴犬

芬兰尖嘴犬

日本尖嘴犬

德国尖嘴犬

汪星球 邮报

每日

第300期第5卷 🐾 第3586刊 🐾 1912年5月16日星期二 🐾 售价：35根狗毛

泰坦尼克号幸存者，蕾蒂

"救命啊，我们撞上了冰山，船要沉没了！"你可能听到过与这类似的求救。在1912年4月的一个夜晚，北大西洋冰冷的海水永远吞噬了泰坦尼克号这艘名字宏伟、看似不可能沉没的船。空中不仅响起人类的尖叫声，还有惊恐的狗吠声。现在，由《汪星球每日邮报》为您报道其中一位幸存者的独家回忆。

我叫蕾蒂，是一只博美犬*。当时，我是和我的女主人玛格丽特·海斯小姐一起旅行。说实话，我记不太清当时发生了什么，以及是如何发生的。我只记得，晚餐后，我正在睡觉。突然，玛格丽特把我叫醒，给我裹上一条毯子，然后抱着我跑到了甲板上。

她抱我在怀的那段时间，我感到整个世界天旋地转。当我终于敢把头伸出去时，发现我们正坐着一艘充气式救生艇漂浮在茫茫大海上。我告诉你，那真是可怕极了。我听说，一只大丹犬因为体形太大，占了太多地方，就被赶下了救生艇。汪，汪……不说了，这种悲伤的回忆已经够多了。后来，太阳出来了，而我也获救了。

*博美犬：是欧洲尖嘴犬的一种，全名波美拉尼亚犬，长着柔软、浓密的长毛，体形娇小可爱，适合作为伴侣犬。

尖嘴犬和原始犬种 🐾 61

美国秋田犬

日本秋田犬

亚洲尖嘴犬等相关品种

相较于体形比我们小的亲戚，我们多了些平和镇定的特质。但我们有着和它们一样厚实、手感极佳的被毛（这是在我们相见时，亲自用爪子测量的）。虽然我们体形更大，但这并不妨碍我们汪汪叫。汪汪！

松狮犬 ➡

不，我没有喝墨水！即使喝了，我也不会吹嘘，我可是有自尊的。毛发厚实的我是尖嘴犬家族里的"狮子"。我来自遥远的东方，在那里，我作为护卫犬或运输犬帮助主人打猎、放羊。我是一个独行侠。如果你想要我的信任，那你得努力赢取！

日本秋田犬和美国秋田犬

汪汪汪！如果听到我们的叫声，你最好马上起身，离开你温暖的被窝，因为这肯定是有什么事发生了。我们很快就能学会听懂新命令，但能否以最快的速度执行，可就是另外一回事了。我们有时候任性、固执，所以你需要有耐心——这会有回报的。我们会保护你不被入侵者打扰，我们是非常有爱和忠诚的狗狗。

汪星球 邮报

每日

第323期第2卷 🐾 第3859刊 🐾 1935年2月10日星期日 🐾 售价：35根狗毛

乔菲，人类情绪的专家

——关于真挚友谊的故事

西格蒙德·弗洛伊德

当你的主人是一位著名的心理学家及心理医生时，你作为他的狗，也会得到很多关注。即便你其实并没有资格得到这些。但如果是关于松狮犬乔菲的话，则要另当别论了。

乔菲是著名的心理学家和神经学家西格蒙德·弗洛伊德的狗。20世纪初，他居住在奥地利。这只聪明的松狮犬很快就展示出它强大的天赋——能够轻易觉察到弗洛伊德的患者的情绪状况。

"西格蒙德很高兴有我在办公室陪他，我帮了他很多忙。倘若一位患者情绪良好时，我就会静静地躺在他身边。但如果我感觉到患者压力很大，我就站起来走到房间另一端。西格蒙德会基于患者情绪来选择治疗方法。"乔菲回忆说。

这位广受欢迎的心理学家很爱他的狗，以至于他听从这位小狗专家的每个愿望。例如，到了该睡觉的时候，乔菲打了个大哈欠，那么西格蒙德就会跑去上床睡觉。

原始犬种

不，我们不是傻瓜，你怎么会这样想？恰恰相反，我们是世界上最聪明的狗之一！我们之所以被称为"原始犬种"，是因为我们的起源可以追溯至 5000 年前。试着想象一下我们是多么古老。仔细聆听我们的吠叫和嗥叫，我们绝对是有话要对你说。

← 秘鲁无毛犬

← 墨西哥无毛犬

← 墨西哥无毛犬和秘鲁无毛犬

秘鲁和墨西哥的古印加部落崇拜我们，因为我们是来自神灵的礼物。嗯，而且他们还会把我们祭献给神灵。我们经常被安排与主人合葬，以便在死后保卫他们。即使在今天，我们也绝对算是为主人尽心尽力的。不过，请注意照顾好我们裸露、敏感的皮肤——在夏天保护它不受阳光伤害，在冬天请给我们一件温暖的外套御寒，拜托拜托了！

巴辛吉犬 ➡

我来自刚果，是世界上唯一不会叫的狗。你不相信我，是吗？我现在就证明给你看！与其他狗相比，我只会发出一些奇特的声音。我会笑，会呜咽，会发出嘶嘶声，甚至还会用高低音、真假声交替唱歌！此外，我很干净，没有体味，我是一个非常友好、温柔、有爱的伙伴，对主人忠诚。

其他种类的尖嘴犬

1. 韩国金多犬

我简直是宝藏狗狗。1962 年，我的家乡韩国将我列为文化瑰宝。

2. 欧亚混血犬

我性情平和且敏锐，对打架斗殴一点兴趣也没有。

3. 四国犬

你不知道北方在哪儿？在那边！就算你带我到世界的另一头，我也能找到回来的路，因为我有很强的方向感。

4. 北海道犬

我的祖先来自日本北海道，它们是运动健将，擅长猎鹿、猎熊。而我也从它们那里继承了这一点。

5. 纪州犬

我来自日本。700 年前，我在那里帮人们猎捕野猪、野鹿。有人说，我的祖先是狼。那么现在我知道自己的勇气来自哪里了！

← 柴犬

听我命令：坐下，躺下。我很清楚你想从我这里得到什么，但要由我来决定何时去做。习惯吧，我就是不太听话。而作为回报，我会用咧嘴傻笑逗你发笑——看到没？现在看起来就像是我在对你微笑。我们在一起会很开心的，因为我有着很强的好奇心。但如果你需要休息，那么可以让我在窗边坐着，这个世界上总有占据我注意力的东西。

迦南犬 ➡

即使没有指南针，我也能在沙漠中找到方向。我的古代祖先与以色列内盖夫沙漠中的贝都因人生活在一起，并帮助他们看守羊群。在第二次世界大战期间，人们训练我寻找地雷。如今，我也可以被训练为盲人的导盲犬。我聪明，忠诚，学习能力强。我的座右铭是：帮助人，保护人。

原始犬种：猎犬

⬅ 泰国脊背犬

我几乎像个秘密特工，因为直至今天，在泰国以外的地方还没什么人知道我的存在。根据古代文字记载，我的祖先曾当过猎手、护卫和旅行向导。看我背上，有一溜生长方向与其他地方不同的毛！这道条纹就是我名字里所说的"脊"。别担心，这些毛并不是因为我感到害怕而竖了起来，它们就是这样生长的。我为此感到非常自豪！顺便告诉你，我喜欢跟人贴贴抱抱。

伊比萨猎犬 ➡

我可以轻松地嗅出每一只兔子或其他小型猎物的痕迹，即使没有猎人帮忙。我很贪玩，你最好把我拴好了。我只能跟静止不动的动物融洽相处。你看，我多么有幽默感！事实上，我最喜欢黑色幽默了……哈哈，汪汪！

腊肠犬

欢迎来到我们腊肠犬群体中。第一眼望去，我们显然属于小型犬种：腿短身长，神情睿智，这描述的就是我们！如果让我们用三个词来形容自己，那就是：聪明、固执、有个性。当然，有时我们容易感到被冒犯，有时偏要按照自己的方式做事，但归根结底，我们还是极其有爱、体贴的生物，愿意为你放弃我们小小的生命。

智力：🐾🐾🐾

服从性：🐾🐾🐾

活跃性：是小小冒险家（我们喜欢每天散步两次）

护家性：🐾🐾🐾🐾

吵闹程度：怎么说呢，我们的叫声之大不像是这般小的狗狗能发出的

家庭角色：我们是理想的家庭宠物，只是会对不熟悉的人及其他动物汪汪叫

理想中的家：我们不介意生活在公寓里

刚毛腊肠犬

勇敢，狡猾，到处嗅探的模样中总是透着一点顽皮——这就是我们刚毛腊肠犬。若想护理好我们的皮毛，你就得时不时地梳掉一些毛。别笑，我们可不是鹅！虽然我们干的是猎手的工作，但也想让自己看起来更漂亮，成为一只像样的腊肠犬。同样地，和所有腊肠犬一样，我们体形细长，这种长长的脊柱并不适合走长长的楼梯，所以要带我们坐电梯！

平毛及长毛腊肠犬

我们为自己是最古老的腊肠犬品种而自豪，所以我们的特征也是最像腊肠犬的。我们过去的叫声比现在要尖锐且响亮得多，但你知道的，时间让我们进化。进化出光滑的短毛有什么好处？就是你不会发现公寓里到处都是我们的毛，并因此而生气。另外，在冬天，相较于我们优雅的长发朋友，平毛腊肠犬要更怕冷一些。

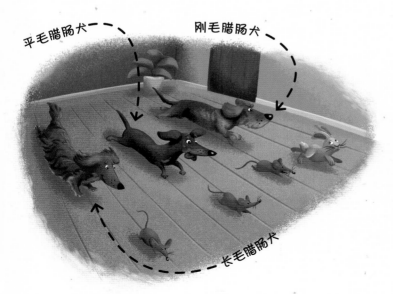

平毛腊肠犬

刚毛腊肠犬

长毛腊肠犬

汪星球 邮报

每日

第402期第10卷 🐾 第4815刊 🐾 2014年10月3日星期五 🐾 售价：35根狗毛

哈洛，赛奇和印第安纳：小狗狗，真朋友

一则关于真挚友谊的故事

亲爱的《汪星球每日邮报》读者，狗狗不仅是人类最好的朋友，狗狗之间也有忠诚的友谊，而且不论品种。你能想象一只大型的魏玛拉纳犬和一只迷你腊肠犬之间的友谊吗？不能？魏玛拉纳犬哈洛的故事可能会改变你的认知。

迷你腊肠犬赛奇，一直是我最好的朋友。事实上，它不仅是朋友，更像是姐妹——它充满爱心、忠诚、开朗、友好。我们在一起度过了很多欢乐的时光。赛奇曾经会骑在我的背上，而我喜欢用爪子给它按摩。当然，我很小心，不会伤害到它身上的螨虫！

每年圣诞节，我们都希望得到一个精致的狗玩具和一些零食。而我们的愿望也总是能实现。我们拆开礼物，吃吃东西，再看一部梅丽尔·斯特里普*演的电影。

不幸的是，腊肠犬无法长生不老。有一日，赛奇去了狗狗天堂。起初，我以为我将永远走不出悲痛，但主人给我带来了一个新朋友，腊肠犬印第安纳。一段时间后我才习惯了它，而它用自己的黑色幽默感征服了我。有时，我觉得它是赛奇亲自派来的，让我不要太过想念它。印第安纳就是我的赛奇二号。

*梅丽尔·斯特里普：美国著名女演员，曾获得21次奥斯卡奖提名，4次获奖。

斗牛犬英雄拿破仑

一个月前，《汪星球每日邮报》举办了一项活动——寻找年度最勇敢的狗狗。我们收到了大量故事，而经过编辑们的慎重考虑，我们从中选出了一位获奖者——这只一岁大的白色英国斗牛犬，它的名字"拿破仑*"简直是名副其实。它干了什么呢？它冒着生命危险，把一兜子小猫从溺亡的边缘救了回来。你将在下面的采访中读到它的故事。

* 拿破仑：19世纪法国伟大的军事家、政治家，法兰西第一帝国的缔造者。此处指这只狗是像拿破仑一样的英雄。

拿破仑，你能回忆起自己成为英雄的那一天究竟发生了什么吗？

那是个和往常一样的普通日子。午饭后，我按照惯例跟主人去散步。突然间，我听到湖边传来奇怪的喵叫声和呜咽声。我觉得很可疑，于是朝着声音传来的方向跑去。换作任何人都会这么做的。

那么，你的主人采取了什么行动？

他在吹口哨，叫我回去……你知道，我是一只听话、乖巧的狗，对所有的命令都会立即响应。但在那一刻，我做不到。我顾不上我的主人如何，马上跑到了湖边。

那东西是一个袋子，里面有 6 只小猫。

是的。我跳进了水里，呼呼。我不在乎水有多么冰冷，尽管我受不了冷水，还是疯狂地游向那个袋子。呼，连我的主人都意识到有什么事情不对了，连忙跑到岸边帮我把小猫从水里拉出来。我们成功地救出了其中四只。

你看，多亏了你的干预，让这个故事有了一个圆满的结局。你到家后有没有得到任何奖励？

当然了！我喜欢吃牛排，真正的牛排。所以我亲爱的主人买了特别大的一份，让我连续吃了三天。汪汪！

谢谢你接受采访。我们相信，你英勇的行为会鼓舞许多其他的狗狗。

摩洛索犬、瑞士山地犬、宾莎犬和雪纳瑞犬

我们是一个有趣的组合。我们中有体形小巧、精力充沛，有时还很顽固的宾莎犬和雪纳瑞犬。而摩洛索犬则身形强壮，好似一头平和的巨兽。心地善良的瑞士山地犬则把羊群和家人一视同仁。但最重要的是，大家要待在一起不分开。这就是我们的共同点：忠诚，爱家。

摩洛索犬

英国斗牛犬 ➡

哦，我喜欢躺在沙发上！虽然我曾经轻而易举地帮忙放倒了一头成年公牛，但如今的我更像是一个和平爱好者。我需要一位不爱超量运动的主人，愿意照顾我的爪子和褶皱的皮肤。我有时会生病，但只要我的病好了，心怀爱意的我就能完成各种事情。

你可能会想，哇，这是一个什么样的巨人啊？我们是强大、勇敢又自信的生物，具有强烈的保护欲，这种本能是在漫长的历史中发展而来的。我们为自己可观的肌肉身材而自豪。如果我们充满爱意地把你从下巴舔到眉毛，你最好为自己拿条毛巾擦擦，或者花些时间晾干。

智力：🐾🐾🐾🐾🐾
服从性：🐾🐾🐾🐾🐾
活跃性：偶尔算是名运动员（健康的身体，才有健康的精神）
护家性：🐾🐾🐾🐾🐾
吵闹程度：优秀的护卫是安静的，我们叫必定是有原因的
家庭角色：只要我还有一口气，我就会保护我的家庭
理想中的家：一座有花园的房子最理想了，家的温暖能让我们感到幸福

马士提夫斗牛犬

英国马士提夫獒犬

英国马士提夫獒犬 和马士提夫斗牛犬

我，作为英国马士提夫獒犬，是一个有着温柔灵魂的平和的巨人。尽管我曾经是一只战斗用犬，就像牛头犬一样。顺便说一句，它们牛头犬非常不听话，需要一位驯犬经验丰富的主人。我们喜欢远途散步，之后再来上满满一碗的美味食物。请再给我一碗吧！告诉你一个只有我们俩知道的秘密：你知道13世纪的蒙古统治者忽必烈可汗拥有5000只獒犬吗？他是世界上拥有最多獒犬的人。

那不勒斯马士提夫獒犬 ➡

我看起来就像一只闷闷不乐的大狗：皮肤上到处是深深的皱纹，因此我也经常被误认为比实际年龄大。我得承认，有时我真是不听话，脾气很不好。我需要一位我愿意尊重甚至需要敬仰的主人，而我会回报以忠诚和有爱的陪伴。在你得到我之前，请记住，孤独对我来说简直是太痛苦了。

中国沙皮犬

慢慢来，别催我。我是一只特别冷静又懒惰的狗，习惯三思而后行。我一旦做出了决定，则会坚定不移地执行。我和小孩子相处不来，因为他们爱拉扯我的尾巴，而我不喜欢这样。但面对主人的话，我总是很友好的。我的皮肤面积是普通狗的两倍，摸起来就像砂纸，所以一定不要忘记好好清理我皮肤上的褶皱。

其他种类的摩洛索犬

1. 法国波尔多犬

在古代，你会在战场上看到我在主人身侧同他一起战斗的身影。直到今天，我仍然忠心耿耿，勇敢无畏。

2. 丹麦布罗荷马獒犬

我曾经是丹麦国王的宠儿。我力量巨大，但性格温柔，天性平和。

3. 加那利獒犬

你不会想在黑暗的小巷里听到我那低沉可怕的叫声的。

4. 卡迪搏斗犬

我曾经在死亡竞技场上与牛和熊搏斗。

5. 藏獒

我外表威严，但性格友好。我来自西藏，在那里，我是牛群、村庄和佛寺的守护者。

德国拳师犬 ➡

妈妈曾说：一名疲惫的拳击手才是快乐的拳击手。它说得有道理。远途散步才是令我快乐的活动。特别是如果有一个温暖的家或是一间公寓能作为我休息的港湾。我还很喜欢小孩子，可以和他们一起玩上几个小时，无论是在室内还是室外。

谁是佩里塔斯？

请把爪子放在胸口，真诚地回答我，你知道我们犬界的各种历史传说和英雄人物吗？编辑黛西采访了混血狗街区小学里年纪最小的小狗们，看看它们对过去了解多少。《汪星球每日邮报》为您带来了一篇题为《谁是佩里塔斯？》的采访报告。

学生贝拉： 佩里塔斯？佩里塔斯是亚历山大大帝的一只大型獒犬，也就是说，它的主人是这位古代最著名的指挥官和征服者。

学生蓬蓬： 人们说，在亚历山大和他的部队被波斯国王大流士三世的敌军包围时，是佩里塔斯救了它的主人。据称，佩里塔斯在敌军中杀出了一条血路，甚至撂倒了一头危险的战象！

学生石头： 我妈妈在家读过，亚历山大大帝从他的叔叔伊庇鲁斯国王那里得到了作为礼物的佩里塔斯。那时佩里塔斯还是只小狗，亚历山大对它进行了严格的训练，能让它不怕狮子、大象或其他任何人。

学生丽塔： 据说，亚历山大大帝非常宠爱佩里塔斯，甚至和它睡在一张床上。而当佩里塔斯战死后，亚历山大用它的名字命名了印度的一座城市。

摩洛索犬、瑞士山地犬、宾莎犬和雪纳瑞犬 🐾 73

土佐犬 ➡

保持安静，不用咬人来攻击，这是我在日本的"狗狗相扑"比赛里的战斗策略。一直以来，我都勇敢而坚强，我会保护你不受任何东西的伤害，哪怕是一片落叶。除此之外，我还是一位友善、好奇的伙伴。我非常喜欢远途散步，或者在野外奔跑。我打赌你肯定追不上我。

⬅ 圣伯纳犬

自圣伯纳犬这个品种出现以来，我们已经拯救了几十条人命。我们用自己的大爪子挖出被雪崩困在山里的人，并将伤员送到安全地带。但这都是以前的事了。现在的我们仍然是善良的、好脾气的巨人，会用一种母亲的眼光去对待大人和小孩。我们忍受不了家里的争吵、尖叫、脏话或紧张兮兮的气氛。

纽芬兰犬 ➡

一旦靠近了水，我就"扑通"一声跳进去开始游泳了。起初，我是被渔民作为工作犬饲养用的。我喜欢把人从水中拉出来的感觉，不管他们是否愿意，万一他们需要救命呢。我喜欢人类等所有生物。有小孩子在旁边时，我会很温柔。经验不足的人也可以饲养我，但是他要注意定期梳理我身上厚厚的毛发。

意大利卡斯罗犬 ➡️

在古罗马的一些伟大战役中，我和人类一起并肩战斗。即使在今天，我也算得上是优秀的护卫。虽然我需要一段时间才能与主人建立十分深厚的关系，但我会慢慢给予他我所拥有的爱。倘若你能定期检查我敏感的耳朵，那就再好不过了。

⬅️ 罗威纳犬

在我还小的时候，曾祖父告诉我它曾经猎捕过熊。而今天，人们也对我赞不绝口。我和警察、军队一起工作，因为世界上没有什么任务是我不能胜任的。但别担心，你不是穿上军队的迷彩服才能当我的主人。让我们一起跑步或骑车去，看看我能不能跟上你的步伐！另外，我将拼尽全力保护你不遭遇任何危险。

大丹犬和阿根廷杜高犬 ➡️

大丹犬

阿根廷杜高犬

我可不是在自我吹嘘，但我的性格确实非常可爱：冷静、友好、细心……训练我并不难，只需偶尔拍拍我的背，大声表扬我，再喂我一把零食。相比之下，我的阿根廷朋友则是先行动后思考。它曾经为它的主人猎捕过美洲豹、美洲狮和野猪，所以一点也不奇怪，在训练它时，必须坚定而强势。我们的共同点是爱家，我们把灵魂都献给了家庭。

汪星球 邮报

每日

第379期第12卷 🐾 第4541刊 🐾 1991年12月14日星期三 🐾 售价：35根狗毛

罗威纳犬伊芙：死里逃生

一位勇敢救援者的故事

在最后一分钟的紧要关头，罗威纳犬伊芙向我们展现了它的勇气，把主人凯茜·沃恩从着火的汽车中拉了出来。我们说"最后一分钟"时，真的是指最后一分钟。不信，往下读读吧！

凯茜只能坐轮椅活动，没有轮椅的话，她就去不了任何地方，更别说跑步了。如果不是机智的伊芙用它强壮的牙齿咬住凯西的脚踝，把她拉到了安全地带，凯茜可能会一直被困在充满黑烟和毒气的车里。

当他们都出了汽车时，伊芙知道自己还没有成功。他们必须离开那辆随时都可能爆炸的汽车。聪明的伊芙没有犹豫，弯下腰，把它的项圈塞到了凯茜手里。凯茜抓住项圈，让无私的伊芙把她带到几米之外。他们刚刚站定，传出一声震耳欲聋的巨响，汽车爆炸了。"真是差一点丧命啊！或者说，就差那么两点！"他们俩今天说。

大丹犬 "大麻烦"

你有没有听说过，我们狗狗，无论性别，都可以成为人类军队的法定一员？这是真的，1939年8月25日正式加入皇家海军的大丹犬"大麻烦"的故事就可以证明。接下来，《汪星球每日邮报》为您讲述一位负责照顾"大麻烦"的水手的回忆。

"没错，'大麻烦'绝对是只完美的狗，一只巨型大丹犬。当它后腿站立着，把前爪搭在你的肩膀上时，可是相当吓人。"

在成为我们中的一员时，它得到了一顶为它量身定做的水手帽。要我说，它看起来帅极了。每次集合或阅兵，"大麻烦"都自豪地戴着这顶帽子。它那戴着帽子昂首阔步的样子，连我们都比不上它！

现在，由于"大麻烦"成了一名水手，如果我们晚上想出去放松，它可以跟着一起坐火车走。作为皇家海军，我们乘车免费。在以前"大麻烦"还是一只普通的狗时，火车售票员会发火，说它逃票，把它赶下车厢，军队总部不得不为它支付罚款。但在它成为一名水手后，就完全没有问题了。若不是"大麻烦"后来身体不适，它本可以加入军官的行列。它就是这么棒，该夸就得夸。

山区救援狗：圣伯纳犬巴里

年轻一代的圣伯纳犬把山地救援者这个职业看作是最值得尊敬的工作之一。你们腊肠犬、猎犬、斗牛犬、梗犬等其他的犬种，都不必感到惊讶。每只圣伯纳犬的心中都跳动着在山区帮忙的愿望。这只最著名的山区救援狗，圣伯纳犬巴里的故事会让你明白的。

圣伯纳犬巴里是一只被载入史册的救援狗，它救下了许多穿越大圣伯纳德山口准备前往罗马的朝圣者。它的职责是沿着白雪覆盖的道

圣伯纳犬巴里

任职时间：1800—1812 年

任职地点：意大利—瑞士边境，大圣伯纳德山口

雇主：圣伯纳临终疗养院的僧侣

救援人数：40 人

路奔跑，为所有旅行者指引正确的方向。当有人不幸迷路，甚至被困在深深的雪堆里时，巴里的工作是闻出踪迹，把他们挖出来。据说它还随身带着一瓶新鲜的热牛奶，作为对所有流浪者的急救措施。有一次，它还救了一个迷路后在又黑又冷的山洞中睡着了的小男孩！

救下一名纽芬兰人的纽芬兰犬巴尼

我们纽芬兰犬，就是喜欢水。我们有蹼的脚不是白来的，这有利于我们在波浪中游泳。我们很乐意拯救那些在陌生水域迷失方向、快要溺水的人或动物。我们热情地跳入水中，溅起一片水花，向他们游去，抓住泳衣，最终把他们拉出水面。

但是，等等！小渔船上的一只威风凛凛的纽芬兰犬突然跳入水中，向着溺水者游去，并耐心地等待着船上的水手将这个人拉到甲板上的安全地带。这是个真实发生的故事。亲爱的狗狗们，你们知道我的纽芬兰祖先在19世纪时救过谁吗？拿破仑·波拿巴皇帝！我真的为我们这个有蹼、喜欢水、喜欢做好事的品种感到骄傲。

我的朋友们，想象一片汹涌的大海，浪涛一波接着一波，狂风到处呼啸，有艘船在这一团混乱中来回摇摆。"有人落水了！"船员惊恐地喊道。他们看到有个人在水上漂着。他挥舞着双手，不断地呛水，像是缓慢而又无可奈何地与自己的生命说再见。

水上运动真好玩！
巴尼

比利牛斯山犬

　　汪汪汪！我喜欢叫，即使是在晚上，但我希望你偶尔也能原谅我一下。每只比利牛斯山的羊都会向你证明我具有勇气和保护人的本能。所有羊在我眼中都是掌上明珠。在路易十六的统治时期，是我的守护让卢浮宫里的各位能够安然入睡。我习惯独立行事，不过也需要持续和耐心的训练。

兰波格犬

　　很久以前，我站在全欧洲的各位统治者身侧作为随行跟从。这并不奇怪，因为我给他们的感觉是，由动物国王本尊——一头狮子陪伴着。我浓密的鬃毛给各位统治者及必须照顾它的理发师们留下了深刻的印象。但不要被吓到，我一点也不凶狠——我更像是一头善良的狮子，哦，不，当然，我指的是狗。

兰波格犬

比利牛斯山犬

瑞士山地犬

身为源自瑞士阿尔卑斯山的山地犬，我们很自豪。我们祖先的一整天都是在山里的新鲜空气中度过的，正因如此，我们拥有强大的力量和平静随和的性格。最重要的是，我们对小朋友们非常温柔。我们会看着他们，以免他们迷路，就像那个著名的童话故事里的汉塞尔和格蕾特尔*那样。

*汉塞尔和格蕾特尔：是收录于《格林童话》中的一则故事，写的是这对兄妹在森林中迷路后的一系列奇遇。

智力：🐾🐾🐾🐾🐾🐾
服从性：🐾🐾🐾🐾🐾🐾
活跃性：工作努力（我们需要让自己的头脑和腿脚都有事做）
护家性：🐾🐾🐾
吵闹程度：🐾🐾
家庭角色：我们不会以自己的家人为代价去换取世上各样的狗狗零食
理想中的家：我们想要有花园的大房子

伯恩山犬

伯恩山犬* 和大瑞士山地犬

直到今天，你还可以在瑞士看到我们在山上拉着一车牛奶行进。我们最初被用作运输犬和牧羊犬，这就是为什么如今我们需要充足的活动空间和长时间的散步，还有各种令人兴奋的任务、滑稽游戏或追逐来活跃气氛。住在市中心的公寓里——不，那对我们来说是不可能的！

*伯恩山犬：又名伯尔尼兹山地犬，因它的原产地是伯尔尼而得名。

瑞士山地犬

汪星球 邮报

每日

第401期第5卷 🐾 第4798刊 🐾 2013年5月7日星期二 🐾 售价：35根狗毛

勇敢的伯恩山犬贝拉

　　亲爱的读者们，这个月我们收到了许多有趣的信件，里面讲述了大家的有趣故事。我们决定刊登这封最能体现出狗狗耿耿忠心的信。这封信为一位人类读者克里斯所写，以感谢他那忠诚的伯恩山犬贝拉的救命之恩。

　　事情发生在 7 年前。当时我正在家检查烤箱里的午餐。因为我的脚踝之前在一次车祸中受了伤，所以我不小心摔倒了，撞到了头，手里还抱着用布裹着的热腾腾的午餐。摔倒时，

> 　　亲爱的编辑们，贝拉救了我的命！虽然我的房子已经化为灰烬，但我仍然拥有我生命中最重要的东西：善良又极其勇敢的朋友贝拉。

布碰到烤箱着了火，而火苗迅速地爬上了我的手臂。

　　我设法脱下了我的衬衫并随手扔到墙上，但随后厨房的墙壁也起了火。简直是噩梦！我受了伤，自己站不起来，但我的房子正在燃烧！我觉得自己肯定要完蛋了。突然，我感到有什么东西正在轻轻推我的腿。是贝拉！它用它粉红色的舌头舔了舔我，我才稍稍冷静了下来。

　　它拉着我从唯一可能的逃生路线里逃了出来，直到我们都站在了安全的地方，能呼吸到一些新鲜空气。

宾莎犬和雪纳瑞犬

到处闻闻……我刚才是不是闻到了老鼠经过的气味？啮齿动物要小心了！你们最好躲在洞里，我们很灵活，而且时刻警觉！我们宾莎犬和雪纳瑞犬很清楚，你们人类想把我们当成可爱的宠物，但是哦——我们仍然有狩猎的本能，所以你们得接受我们需要时不时地释放本能。

智力：🐾🐾🐾🐾🐾
服从性：🐾🐾🐾
活跃性：一团乱（我们喜欢在一场痛快的追逐赛跑后搞得脏兮兮的）
护家性：🐾🐾🐾🐾🐾🐾
吵闹程度：不论有没有原因，我们都会汪汪叫
家庭角色：我们很高兴能和主人一起睡在床上
理想中的家：我们想要有花园的大房子，但是部分狗狗也能适应公寓生活

↑
杜宾犬

偷偷潜入，到处闻闻，然后跳下去！汪汪汪！好大的动静！我是只需要一直活动的狗！我乐于执行各种任务，这样就不会感到无聊。因此我喜欢在警队或军队中服役，在那里，我可以做自己擅长的事：只要有任务，我就会马上投入，不管有多危险。紧张的行动让我感到兴奋！我锋芒毕露，无所畏惧，我会凶狠地警告所有小偷和入侵者，咕噜！如果我的主人是一个天生的领导者，我就会尊重他，也会接纳他的家人和孩子。

迷你宾莎犬

也许我能被你装进口袋里，但我可不会因为想藏在里面就这么说。我不会被轻易吓倒，因为我天生充满自信！虽然我喜欢跑步，但我也能适应性格沉稳的主人。我喜欢你骑车带我跑步，我也会陪你去爬山，但如果你偶尔提出要把我放在包里，我也是不会拒绝的！

↓

霍夫瓦尔特犬

汪！汪！我永远是只小狗，因为我成长得相当缓慢。不过还好，我是只天性平静、充满爱心的狗。为了我的家人，我愿意用生命作为代价。我需要每天与你接触、交流。作为我的主人，你应当友善又不失严厉地对待我。

雪纳瑞犬

在中欧公路上有公共马车*的日子里，我们随着马匹一起奔跑，晚上和车夫一起睡觉。我们有一个非常重要的任务：保护他们和他们的物资不受老鼠的侵扰。你不会对我们感到厌烦，因为我们幽默，喜欢运动，而且很快就能学会新的指令——仅指那些我们想要学的指令！我们可以适应公寓生活，但更不介意一年四季都待在花园里。每周给我们梳一次毛，我们就会很开心了。

*公共马车：在旧时，有按照固定的路线运载乘客（最多 8 名）与邮件的公共马车，它有时会受到强盗的攻击。

中型椒盐色雪纳瑞

小型白色雪纳瑞

一大型黑色雪纳瑞

其他品种的宾莎犬、雪纳瑞犬和摩洛索犬

1. 猴面梗犬（阿芬平猎犬）

我看起来像是只小恶魔，但我永远会用生命保护你的，成交吗？

2. 荷兰斯牟雄德犬

镇定冷静，别人就是这么形容我的。给我一个家，余生中，我都会去衷心爱护它。

3. 花脸宾莎犬

我性格活泼，速度飞快，我喜欢待在小朋友们身边。我这个品种很稀有，稀有得就像你口袋里的最后一把零食！

4. 奥地利短毛宾莎犬

没有围栏的奥地利农场就要靠我们宾莎犬来保护了。你肯定不会对我们有多喜欢吠叫而感到惊讶。汪！汪！

5. 德国宾莎犬

过去，在每个农场你都能看到我的身影。如今，我也更愿意在外面玩，这是我从不拒绝的活动。你心情不好吗？我刚刚想到一个绝妙的游戏，可以让你振作起来！

6. 阿特拉斯牧羊犬

我的祖先来自撒哈拉，它们在那里保护贝都因牧民的财产不受野兽侵害。这需要勇气，不是吗？

7. 巴西马士提夫獒犬（巴西菲拉犬）

我以自信、固执和奉献而著称。在巴西，有一句话叫"像菲拉犬一样忠诚"，这可不是巧合哦！

8. 黑色俄罗斯梗犬

很多狗主人都对我的聪明和快速学习新技能的能力而震惊。

伴侣犬

和我们一起你永远不会感到无聊！有趣的我们已经陪伴了人类几个世纪。早上，我们会舔孩子的脸来叫他们起床，接着，和家里的祖父母一块儿散步。我们总是有一两个小把戏能够逗你开心。我们的顽皮和快乐真的很有感染力。请拭目以待吧！

智力：🐾🐾🐾🐾🐾
服从性：🐾🐾🐾🐾
活跃性：黏人的小家伙（我们不在乎自己会偷懒）
护家性：🐾🐾
吵闹程度：汪！你在干什么？我们能帮忙吗？（我们汪汪叫是为了让你注意我们）
家庭角色：小孩，大人，爷爷奶奶……我们爱每一个人
理想中的家：舒适的公寓

比熊犬及相关品种

比熊犬 ➡

很久以前，在寒冷的夜晚，我曾经为贵族男女冻僵的腿带去温暖。我的皮毛非常柔软，以至于孩子们多次把我误认为是玩具。哈哈，汪汪！我可能天性爱玩耍，但我不是玩具！说实话，我不是一个喜欢没事坐着的狗，而是名伟大的运动员，当我看到水时，就会"啪嗒"一声跳进去游泳！不过别担心，到了晚上，无论你的身份高贵与否，我都会和你相拥而眠。

 哈瓦那犬

汪！汪！我有时候很疯狂，我喜欢玩，对任何事情都有兴趣，汪！我最喜欢的是小孩子。源自古巴岛的哈瓦那犬的数量不算多，我们很罕见，简直是无价之宝。和我们在一起，你永远不会感到低落，我们是天生逗乐的小丑。我们还很聪明，好奇心强，只有在被留下来独处时才会心情不好。

马尔济斯犬

图莱亚尔绒毛犬

博洛尼亚犬

← 马尔济斯犬、博洛尼亚犬 和图莱亚尔绒毛犬

　　我的魅力可以在瞬间征服你，让你臣服在我的爪下。无论你年纪多大，我们都喜欢和你拥抱、玩耍或一起散步。但请不要对我们大喊大叫，那可能会吓到我们。如果你生气了，就来摸摸我们雪白的皮毛，看看自己可以多么迅速地平静下来。图莱亚尔绒毛犬可以一边直立着用后腿走路，一边给你讲它们的故乡马达加斯加的故事。而马尔济斯犬则自古以来就喜欢和小孩子玩耍，就连著名的哲学家亚里士多德也提到了这一点。就算对狗毛过敏的人也适合养博洛尼亚犬。

小型狮子犬 ➡

　　我长着丝绸一般的长卷毛，它们看起来有点像狮子的鬃毛。嗷呜！汪！在 16 世纪，我是富裕贵族们的宠儿。毕竟，谁不想养一只像狮子的狗呢？他们甚至还专门为我做了画像。现如今，你不会经常在街上遇到我，因为我是个相当罕见的品种。我体贴有爱，喜欢玩耍，能带给人快乐，有我在身边，你就不会感到情绪低落了。

中型贵宾犬

标准型贵宾犬

小型贵宾犬

玩具贵宾犬

← 标准型、中型、小型 和玩具贵宾犬

　　哎呀，看看我们这发型，你一定觉得我们很傲慢，对不对？哈哈，这错得离谱了！我们优雅高贵的举止可能会为我们在狗展上赢得一等奖，但我们绝不会因此骄傲，甚至看不上会导致流汗的跑步或其他运动。毕竟，我们曾是热衷于猎鸭的狗狗！由于我们平和友好的天性，我们能成为很好的援助犬，也是养狗新手的最佳选择。

欧洲玩具猎犬、俄罗斯玩具犬和布拉格捕鼠犬

立耳蝴蝶犬和垂耳蝴蝶犬 ➡

我们或许看起来很像，但仔细观察后，你就会发现我们的耳朵是不同的。立耳蝴蝶犬的耳朵是直立的，像蝴蝶的翅膀一样，而垂耳蝴蝶犬的耳朵是下垂的。聪明又俏皮的性格让我们能成为优秀的狗狗运动员。我们喜欢敏捷性运动和跳舞。你以前见过狗狗跳舞吗？就是狗和主人一起随着音乐的节奏做些有趣的动作。我们还有一个更特别的技能，就是我们能感觉到你的心情如何，然后用我们俏皮的爱让你的悲伤立即消失！

垂耳蝴蝶犬

立耳蝴蝶犬

⬅ 俄罗斯玩具犬

想把我装在手提包或背包里？我敢肯定，这可不是一个好主意，只消一眨眼的时间，我就会嗖的一下跳出去消失不见！尽管我很小，但我喜欢跳障碍物，还有跟在你的自行车旁奔跑。我绝不是一只喜欢整天躺在沙发上的懒狗狗。即使是养狗新手也可以训练好我，而且我不介意住在全世界最小的公寓里。汪！

布拉格捕鼠犬 ➡

我听过一个笑话，是说如果一只布拉格捕鼠犬打了个喷嚏，它就会仰面倒下*……非常有趣，汪！我得让你知道，其实我没那么弱不禁风，相反，我能顶住每一阵风的袭击，即使它想把我吹走，我也会骄傲地站在原地！我曾经在中世纪的房子里捕过老鼠，这就是我名字的由来。我是一只话多的狗，对周围的一切都会汪汪叫！此外，我还会用忠诚、俏皮和可爱的天性赢得人们的青睐，我很愿意向你展示我的魅力。

* 布拉格捕鼠犬体形娇小，通常只有 1 ~ 3 千克重。颈部与四肢细长，头部圆润，口鼻窄。

比利时犬
比利时格里芬犬、布鲁塞尔格里芬犬和小布拉班特猎犬

哦，那是什么？唉，又是一只猫。我们是好奇的、什么都不怕的快乐狗狗，任何东西都逃不过我们敏锐的眼睛。我们非常聪明，而且有一个共同点——不需要牵绳。我们因忠诚和爱而与主人紧密相连，不需要绳子来证明这一点，因为我们不会让你离开自己的视线。我们才是这里的教练！你还可以期待一下我们晚上发出的有爱的鼾声……

比利时格里芬犬

布鲁塞尔格里芬犬

小布拉班特猎犬

汪星球 邮报

每日

第405期第12卷 🐾 第4853刊 🐾 2017年12月24日星期日 🐾 售价：35根狗毛

勇敢的吉娃娃佐伊 对战危险的响尾蛇

"狗狗英雄" 故事系列

小即是美，人们喜欢这样说，还给自己买来可爱的小吉娃娃犬。说实话，这些俊俏的小狗狗看起来几乎像个玩具，年轻人类就喜欢抱着它们逗弄。但是你能相信这么小的吉娃娃犬也有惊人的勇气吗？就像小母狗佐伊，它从一条有毒的响尾蛇那里救下了一个蹒跚学步的孩子。

"大家很幸运，因为我决定在花园里而不是在我的床上午睡，"佐伊，这个在吉娃娃犬的品种里也算体形小的狗狗说，"我听到了奇怪的嘶嘶声，还有什么东西沙沙作响。嘶嘶，沙沙……而且这种微弱的奇怪声音越来越近。我跳起来想看看那是什么，就发现了一条巨大的响尾蛇。它正朝着在草地上天真地玩耍的婴儿爬去。"

佐伊试图发出呜咽声，但没人理睬它。最后，它勇敢地决定自己来面对这条蛇。"我想通过咆哮和吠叫来赶走那条可怕的蛇，但我被咬到两次。成功的可能性似乎不太高，不过我在坚持，直到最后终于摆脱了那条危险的响尾蛇！"这个有着狮子般勇敢心肠的小生命欣慰地说。

我的朋友朱尼尔

亲爱的《汪星球每日邮报》：

我是一位热心读者，总是期待着你们新一期的报道。我最喜欢勇敢的"狗狗英雄"系列故事，而今天我也想和大家分享一个这样的故事。

我的朋友朱尼尔是一只西施犬，同时也是个真正的英雄，因为它一下子救了七个人。当时大家都在睡着，只有朱尼尔闻到烟味醒了过来。没错，房子着火了。

朱尼尔开始汪汪叫，在房子里为数不多的几个安全的地方跑上跑下，直到家里每个人都醒了并逃了出来。说实话，这惊险极了！如果大家再多睡一会儿，就不会有人得救了。

亲爱的《汪星球每日邮报》，朱尼尔是一只非常谦虚的狗，它不觉得自己做了什么了不起的事情。但我知道它的伟大！

祝各位编辑一切都好！

无毛犬

← ## 中国冠毛犬

想知道幸福的秘诀吗？抚摸我柔软而温暖的皮肤时，你所有的忧愁都会消失。我喜欢玩耍，学习新事物，而且非常聪明，有时还有点疯狂，比如我在公寓里搞了一条赛道！我会用后腿蹬着橱柜起步，接着跑到桌子下面，再从地上跳到窗台，喔吼！我们再来一次！你知道吗？在和我同窝的兄弟姐妹中，至少有一只小狗会长毛。这就是所谓的"粉扑"，他们会给同一窝里的其他小狗带来温暖。

西藏的品种

西藏梗犬

西施犬

拉萨狮子犬

西藏猎犬

吉娃娃

短毛吉娃娃
长毛吉娃娃

← 长毛和短毛吉娃娃

　　从床上跳下来对我们脆弱的身体来说是个挑战，但我们也不适合被抱在怀里或装在口袋里。虽然我们确实是世界上最小的狗狗品种（身高大概仅有 20 厘米），但这并不妨碍我们在巨人的脚边征服世界！嘿，你走开！不要离我们的主人太近，我们会有些吃醋的！

英国玩具猎犬

拉萨狮子犬、西施犬、西藏猎犬和西藏梗犬

　　叮！听到祈祷的钟声了吗？你猜对了，我们的祖国有藏族的庙宇和寺院。我们曾为僧侣们转经轮，也曾在寺庙的城墙上看门。当地人认为我们很神圣，说我们是幸运的使者（他们说是就是吧）。我们生性可爱、快乐、好动。西施犬可以一口气奔跑数千米，据说人们曾为它们建造了宫殿！相比之下，西藏猎犬的性格几乎就像一只猫。但要注意，即使我们看起来像毛绒玩具，也需要严格的监督，否则我们就不听你的话了。哦，别忘了定期给我们刷牙，因为我们容易得龋齿。

←

骑士，说的就是我

↑ 骑士查理王猎犬和查理王小猎犬

　　我们从英国国王查理一世和查理二世那里继承了我们的名字。相传，查理二世非常爱我们，他抱我们的时间比打理政事的时间还长。最先出现的是骑士查理王猎犬，接着在 18 世纪，在小圆脑袋和短嘴的审美潮流风行之后，查理王小猎犬的品种诞生了。我们平静、可爱和友好的天性受到许多人的喜爱，而且我们是非常忠诚的伙伴。

汪星球 邮报

每日

第238期第8卷 🐾 第28458刊 🐾 1850年8月24日星期六 🐾 售价：35根狗毛

小·狗佩普斯回忆理查德·瓦格纳

名人和他们的狗狗系列

我的主人，著名的作曲家理查德·瓦格纳喜欢动物，尤其是狗。他一生养了好几只狗，但如果让我回想的话，我认为他在所有四条腿的家伙里最爱的是我。

我曾经睡在他床边一个专门的篮子里，每天早上叫这位著名的音乐家起床，我所要做的

就是用爪子轻轻地抚摸他的脸颊。你知道的，我的主人是位伟大的艺术家，有时，他的成功和天赋也会带来各种压力，导致他有点……嗯，有点自命不凡。

有一次，当他正在阅读一篇评论他作品的重要文章时，我用爪子推了他一下……他先是呵斥我，说我打扰了庄严的瓦格纳，质问我怎敢如此，但转而又开始自嘲，大声地、发自内心地笑。是的，这就是理查德·瓦格纳。

我甚至有一种专门适用于他工作时间的汪汪叫声。每当他谱了些新曲子，他就把我放在钢琴旁边的椅子上，接着开始演奏。倘若有哪里我不喜欢，或某部分听起来不对劲，我就叫上一声，然后理查德·瓦格纳就会改变那个乐段。

是的，我很高兴能遇到并爱上伟大的瓦格纳，他确实很出色，我也尽力防止他变得过于傲慢或被自己的名声所吞噬，从而保护我们这份特别的关系。

——佩普斯，骑士查理王猎犬

京巴犬和日本狆犬

◄◄ ## 京巴犬

嘘，不要告诉任何人！我告诉你一个秘密：四下无人的时候，我喜欢躺在刚洗过的床单上，卧在柔软的枕头上，嗯，舒服！我其实不算太活跃，当我决定从床上起来时，我会气定神闲、一晃三摇地走两步。在8世纪的唐朝，我被当作圣犬！而且，如果有人偷了我，可能会因此被处死。所以说，贵族气质流淌在我的血液中，导致有人说我不听话，很傲慢……但你知道事实是怎么回事，对吗？汪！

日本狆犬 ➡

我有点像猫咪：善良、敏感、对人和动物都很友好。我敢说自己能学会用猫砂盆。和猫咪一样，我爱寻找高处的、可以观察周围环境的地方，我还很安静，会静静地舔自己的爪子。猫咪就是时刻清楚自己该做什么，喵！哦，不是，汪！

小型摩洛索犬

法国斗牛犬

八哥犬

波士顿梗犬

八哥犬、波士顿梗犬 ◄◄ 和法国斗牛犬

几个世纪以来，我们一直是人类忠实的伙伴，而且我们很优雅，尽管斗牛犬和梗犬有打鼾和放屁的问题。我们很贪玩，有时还有点固执。虽然我们看起来脾气暴躁，但事实并非如此。大多数时候，我们就是只高兴的小狗，只要有你陪伴就能获得快乐。当我们做错事时，请不要用严厉的语气责怪我们，我们很容易把这些话放在心上。

汪星球 邮报

每日

第403期第4卷 🐾 第4821刊 🐾 2015年4月8日星期三 🐾 售价：35根狗毛

每个人都能自信微笑

如果你遇到过一只开朗的狗狗和一群开朗的孩子，而且他们有一个共同点，那就是嘴唇上方都有一块或小或大的瘢痕，那么你就是遇到了那只心胸宽广的狗狗——法国斗牛犬豆豆。

豆豆，你能给我们讲讲你的故事吗？

豆豆：嗯，我在2013年出生时就有双侧唇腭裂。犬舍的育种人把我送人了，我之所以活在这个世上，要感谢我后来的女主人琳赛。她把我带在身边，在我刚出生的几个月里，每隔两小时就要通过一根特殊的管子喂我吃东西。

琳赛：我们需要豆豆长得更强壮，从而为唇腭裂手术做准备。

接下来发生了什么呢？

豆豆：然后就是一场成功的手术和一个绝妙的主意。你知道，我不是唯一生来就带有这种异常的。事实证明，有很多孩子都患有唇腭裂。与我们狗狗不同的是，这让他们很烦恼，因为他们觉得自己不好看，虽然这理由站不住脚。

琳赛：总之，就是我们想出了一个主意，

带上豆豆与那些嘴唇有同样瘢痕的孩子们一起玩。你简直无法想象他们的反应——他们的脸庞和精气神瞬间活泼了起来，因为他们知道自己并不孤单。豆豆真的有帮助到他们去接纳自己本来的样子，不会再对自己的身体感到不自在。

毫无疑问，你是一位善良体贴的英雄，豆豆。

豆豆：哦，拜托，我是一位英雄？我亲爱的人类朋友其实更像！无论脸上的瘢痕有多大，他们现在都不再害怕微笑。

——一个会汪汪叫的"法棍面包"

斯塔比中士

"狗狗英雄"故事系列

献给男孩、女孩、穿迷彩服的妈妈和爸爸，以及所有军事历史爱好者，《汪星球每日邮报》采访了历史学家贵宾犬弗雷迪，下面由它向大家介绍这只波士顿梗犬斯塔比中士在第一次世界大战中做出的巨大贡献。

弗雷迪先生，向大家介绍一下斯塔比中士吧。

斯塔比是一只波士顿梗犬，它的主人是美国二等兵康罗伊。在第一次世界大战期间，康罗伊将他的这位小伙伴偷偷带到欧洲，作为残酷战斗之余的慰藉。

那么斯塔比起到精神支持的作用了吗？

远不止这样！结果证明，斯塔比不仅是一位可爱的伙伴，也是一名伟大的战士。简而言之，它多次拯救了士兵的生命。

弗雷迪先生，你能再详细讲讲吗？

斯塔比的听力极佳，能听到几千米外的炮火声，并用独特的方式及时向部队发出警告：它把头贴在地上，伸出屁股，接着，士兵们就迅速转移到安全地带去。它的嗅觉自然比它的人类同伴们要灵敏得多，所以能提醒人们注意战争毒气。

弗雷迪先生，经常有狗狗获得人类世界的军衔吗？

不，先生，非常罕见。斯塔比是美国陆军有史以来第一只被提升为军官级别的狗。它精美的军大衣上闪耀着许多军功章，像它这般卓越的成就也是相当稀有的。

玛丽·安托瓦妮特的八哥犬

狗王子与狗公主

献给小狗们的
童话故事

很久以前，有一只血统古老的八哥犬。它很开朗和俏皮，收到它作为礼物的公主立刻爱上了它。这位公主名叫玛丽·安托瓦妮特，当她还是个小女孩时，她可以和心爱的八哥犬尽情玩耍——一起在花园里奔跑，到处上蹿下跳，用公主的丝带玩拔河比赛。后来，玛丽要成家了。她的母亲送她坐马车去了法国，她的新郎法国国王路易十六，已经在那里等着她。在法国边境上，她不得不把

奥地利式的轻便衣服换下，穿上巨大的法式衬裙，其实，她需要把奥地利的一切都放下，甚至是她心爱的八哥犬。哦，先别对她咆哮，小狗们，这不是她的错。就像你一样，她也不得不服从每一个命令。但不用担心，公主从未忘记她的狗。事实上，她很快就求人把她的八哥犬带来身边。在宫廷里，这只八哥犬遇到了当地大大小小的各种狗，而玛丽·安托瓦妮特在皇家花园里散步时，会把它们全部抚摸个遍。

冲浪最远的狗狗

狗狗冲浪纪录的保持者是一只名叫艾比女孩的卡尔比犬，它在开放水域上冲浪冲出了107米远。

犬界纪录保持者

🐾 技巧娴熟的跳远高手：一只名叫"羽毛"的英国灵缇犬——它就像羽毛一般轻盈，跳过了191厘米高的障碍物。

🐾 世界上最重的狗：英国马士提夫獒犬佐尔巴——体重达155千克。

🐾 世界上最小的狗：吉娃娃米莉——体长仅有9厘米多一点。

🐾 世界上最高的狗：大丹犬宙斯——它用后腿站立时，身高有2.25米。

🐾 舌头最长的狗：一只名叫布兰迪的拳师犬——它的舌头长达43厘米。真是难以置信！

热爱滑板的狗狗

滑板玩家奥托（法国斗牛犬）——它可以滑着滑板从30个人的腿下穿过。

犬界最佳守门员

雌性比格犬普林，每分钟拦截 14 个球。

如何照顾你的狗狗

🐾 每天定量给我们喂两次干粮和湿粮，并准备清洁的水。请不要喂我们巧克力、坚果或洋葱——我们不能摄入人类吃的这些东西。

🐾 每天遛我们，带我们跑步。我们会度过一段快乐的时光，特别是在狗狗训练场上！在公共场合，你应该给我们拴上绳子、戴上保护嘴套。

🐾 时常跟我们玩耍，教我们学会听从基本的命令：过来、待在这里、捡回来。当我们在训练中犯错时，不要惩罚我们。相反，要对我们正确的行为给予奖励——例如，喂一些狗狗零食。嗯，好吃！总之，让我们感受到你的爱。

🐾 每年至少带我们去看一次兽医，他们可以为我们除虫或接种疫苗，这样我们就不容易生病了。

🐾 每天给我们刷牙，或者给我们买干水牛皮玩具或磨牙棒。

🐾 定期为我们修剪指甲、梳理毛发。大概一个月，给我们彻底地洗一次澡！

🐾 为我们准备一张舒适的床，只属于我们的床。

🐾 把我们介绍给所有的家庭成员，包括你的其他宠物。

如果狗狗走丢的话，它项圈上的铭牌会有大用处的！

项圈铭牌

想做一件好事吗？如果你正在考虑和你的父母一起养狗，去当地的宠物收容所吧。那里有很多狗狗在等待有一个真正的家。你肯定会爱上其中某一只的！

狗狗语言词典

根据我们的体态和行为，你可以很容易地知道我们的心情如何，或我们想表达什么。

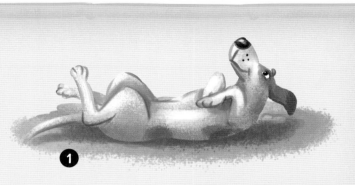

1. 仰面躺着，露出腹部，是在说："我相信你。"

2. 姿势放松，快乐地摇着尾巴，是在说："让我们成为朋友吧！"

3. 身子蜷缩发抖，耳朵下垂，尾巴夹在两腿之间，是在说："我害怕。"

4. 向前伸出爪子，尾部高举空中，是在说："我们来玩吧！"

5. 两腿叉开，气势汹汹地咆哮、吠叫，是在说："我很生气！"

自己也来画画看

自己也来画画看